高等院校计算机专业系列规划教材

大学计算机基础实验指导

牛少彰　吴　旭　姚文斌　等编著

北京邮电大学出版社
www.buptpress.com

内容简介

本书是《大学计算机基础(第2版)》教材的配套实验指导用书,配有内容丰富的实验教程,与教材的知识体系紧密结合,培养学生实际使用计算机的能力。本书以应用为目的、以实践为重点,涵盖了计算机基础知识、操作系统基础、计算机网络基础及应用、文字编辑软件、演示文稿软件、电子表格软件、数据库基础知识、多媒体技术基础和网络信息安全等方面的实验内容。本实验指导在编写过程中力求内容精练、系统、循序渐进,采用了大量图片和实际应用案例,并配有实验作业,方便教学和自学,使读者易于掌握实际操作技能。

本书可作为高等院校非计算机本科生的计算机基础实验教程或参考书,也可供广大计算机爱好者以及自学计算机基础知识和应用的学员参考。

图书在版编目(CIP)数据

大学计算机基础实验指导/牛少彰等编著.--北京:北京邮电大学出版社,2013.8(2018.7重印)
ISBN 978-7-5635-3618-4

Ⅰ.①大… Ⅱ.①牛… Ⅲ.①电子计算机—高等学校—教学参考资料 Ⅳ.①TP3

中国版本图书馆CIP数据核字(2013)第179702号

书　　名:大学计算机基础实验指导
著作责任者:牛少彰　吴　旭　姚文斌　等编著
责 任 编 辑:陈岚岚
出 版 发 行:北京邮电大学出版社
社　　址:北京市海淀区西土城路10号(邮编:100876)
发 行 部:电话:010-62282185　传真:010-62283578
E-mail:publish@bupt.edu.cn
经　　销:各地新华书店
印　　刷:北京鑫丰华彩印有限公司
开　　本:787 mm×1 092 mm　1/16
印　　张:12
字　　数:285千字
版　　次:2013年8月第1版　2018年7月第5次印刷

ISBN 978-7-5635-3618-4　　定　价:25.00元

·如有印装质量问题,请与北京邮电大学出版社发行部联系·

前 言

《大学计算机基础》课程应突出培养学生应用计算机的综合能力，学生学习大学计算机基础的主要目的在于利用计算机技术解决专业领域的问题，因此学生在进行理论学习的同时应努力培养自己的实际动手能力。鉴于上机实习在大学计算机基础课程教学中的重要性，大学计算机基础课程的教材应做到教材和上机实验教材配套，进一步加强对学生的实验指导，让学生通过实践加深对所学内容的掌握。

在学校对课程进行归类后，经过三年的努力，大学计算机基础课程建设实现了多元化、模块化、融合化和网络化教学，在全校范围内实施了大学计算机基础课程的分类分层次教学，解决了学生入学起点不一以及不同学院、不同专业对大学计算机基础有着不同的要求问题，适应了不同专业的需要。大学计算机基础课程的教学实行以掌握知识和技能为目标的理论教学体系、以应用能力培养为核心的实验教学体系和因材施教的分类分层次教学模式。在实验教材的编写过程中，我们“以应用为目的、以实践为重点”作为编写的出发点，对实验内容及其相关的知识体系进行了精心设计和编排，结合我校和各学院的具体情况，对课程的实验内容进行模块化设计，便于不同学院和不同专业在实验教学中进行取舍，同时满足在教学上对《大学计算机基础》的基本要求和较高要求两个层次教学的需要。

为了完成《大学计算机基础实验指导》的编写任务，在学校和计算机学院领导的关心和支持下，大学计算机基础课程教学团队的全体教师根据《大学计算机基础（第2版）》的知识体系，结合大学计算机基础课程三年来教学改革的实际情况，就大学计算机基础课程教育如何有效提高学生利用信息技术的实际动手能力进行了认真研讨，全体任课教师每周组织教学研讨，交流实验教学经验，共同搜集资料，针对各专业的特点，按照分类分层次的教学要求，就教学内容和实验安排进行了重新设置，将计算机科学的最新教学成果融入到实验教学中，实验指导中操作系统以最新的 Windows 7 为平台，办公软件以最新的Office 2010为蓝本，注重对学生的计算机应用素能的培养和训练。

本书涵盖了计算机基础知识、操作系统基础、计算机网络基础及应用、文字编辑软件、演示文稿软件、电子表格软件、数据库基础知识、多媒体技术基础和网络信息安全等方面的实验内容。每个实验包括实验目的、实验准备、实验内容和实验作业四个部分。本实验指导在编写过程中力求内容精练、系统、循序渐进，采用了大量图片和实际应用案例，方便教学和自学，使读者易于掌握实际操作技能。

本书是在大学计算机基础教学课题组成员的共同参与下完成的，其中第 1 章由谷勇浩负责编写，第 2 章由鄂海红负责编写，第 3 章由姚文斌负责编写，第 4 章由牛少彰负责编写，第 5 章由谭咏梅负责编写，第 6 章由郭岗负责编写，第 7 章由杜晓峰负责编写，第 8 章由张天乐负责编写，第 9 章由吴旭负责编写，全书由牛少彰统稿。张玉洁和左圆圆老师参加了实验指导编写的整个研讨过程，并提出了大量的宝贵意见，正是他们的参与，才使得《大学计算机基础实验指导》得以顺利完成。

在实验指导的编写过程中，得到了北京邮电大学计算机学院领导的大力支持，北京邮电大学出版社为本书的出版付出了辛勤的工作，在此一并表示衷心的感谢。

由于编者水平有限，时间仓促，书中难免有疏漏和错误之处，我们恳请使用和关心该教材的师生批评指正。

编者

2013 年 6 月

目　录

第 1 章　计算机基础知识 …… 1

1.1　实验 1　计算机硬件的认知 …… 1
1.2　实验 2　指法练习 …… 3
1.3　实验 3　计算机软件的认知 …… 4
1.4　实验 4　中文输入法的安装与配置 …… 13

第 2 章　Windows 7 操作系统的使用 …… 16

2.1　实验 1　Windows 7 操作系统的安装 …… 16
2.2　实验 2　Windows 7 常用设置 …… 19
2.3　实验 3　Windows 7 个性化配置 …… 28
2.4　实验 4　Windows 7 文件与文件夹管理 …… 32
2.5　实验 5　Windows 7 软件和硬件管理 …… 38

第 3 章　计算机网络与应用 …… 46

3.1　实验 1　计算机的网络配置 …… 46
3.2　实验 2　基本网络命令 …… 48
3.3　实验 3　计算机网络协议分析 …… 52
3.4　实验 4　Internet 浏览工具 …… 56
3.5　实验 5　Internet 应用服务 …… 61
3.6　实验 6　制作静态网页 …… 66

第 4 章　文字编辑软件实验 …… 73

4.1　实验 1　文档排版 …… 73
4.2　实验 2　模板使用 …… 75
4.3　实验 3　图形和表格的制作 …… 77
4.4　实验 4　域和邮件合并 …… 81
4.5　实验 5　宏的录制与使用 …… 86
4.6　实验 6　毕业论文的制作 …… 89

第5章 演示文稿实验 …… 94

5.1 实验1 演示文稿基本制作 …… 94
5.2 实验2 幻灯片中对象的编辑和设置 …… 97
5.3 实验3 动画和切换 …… 103
5.4 实验4 放映与共享演示文稿 …… 107
5.5 实验5 演示文稿风格和审阅 …… 110

第6章 Excel 电子表格 …… 115

6.1 实验1 格式的应用 …… 115
6.2 实验2 算术公式和逻辑函数的使用 …… 118
6.3 实验3 排序和分类统计 …… 121
6.4 实验4 查找 …… 124
6.5 实验5 实验数据的拟合和经验公式 …… 128

第7章 数据库基础 …… 130

7.1 实验1 安装数据库并熟悉主要工具软件 …… 130
7.2 实验2 学生选课系统数据库设计 …… 133
7.3 实验3 创建数据库及表，进行数据输入 …… 136
7.4 实验4 数据库查询 …… 140
7.5 实验5 数据库安全性控制 …… 142
7.6 实验6 数据库备份和恢复 …… 146

第8章 多媒体技术基础 …… 150

8.1 实验1 多媒体硬件的认知 …… 150
8.2 实验2 图形图像输入编辑实验 …… 152
8.3 实验3 图形图像特效处理 …… 154
8.4 实验4 视频处理实验 …… 156
8.5 实验5 数字音频处理实验 …… 159

第9章 网络信息安全实验 …… 165

9.1 实验1 病毒查杀实验 …… 165
9.2 实验2 加密与签名实验 …… 170
9.3 实验3 包过滤防火墙实验 …… 174
9.4 实验4 木马查杀与恶意软件清理实验 …… 178
9.5 实验5 Windows 的安全配置实验 …… 182

附录 实验报告要求 …… 186

第1章 计算机基础知识

1.1 实验1 计算机硬件的认知

实验目的

了解计算机硬件组成。

实验准备

一台 Windows 7 的计算机，硬件包括主板、CPU、内存、硬盘、输入设备、输出设备。

实验内容

1. 观察计算机外观

(1) 在不启动计算机的情况下，观察计算机外观，将能看到的硬件部件记录下来；观察鼠标、键盘、网线、显示器、耳机、麦克风等外设与主机箱的连接方式。

(2) 在允许的情况下，打开计算机主机箱，观察主机箱内的硬件设备，找到 CPU、内存、硬盘、芯片组、网卡、声卡、显卡、电源等设备；注意插口之间的连接方式。

(3) 在允许的情况下，将内存取下，再安插回去，体验计算机的组装过程。

2. 查看计算机硬件配置

下面以 Windows 7 为例，查看计算机的硬件配置。

(1) 将鼠标移到桌面"计算机"图标上单击右键，执行"属性"命令，出现如图 1.1 所示的属性界面，可以查看 CPU 型号配置、内存大小。

图 1.1　计算机属性

(2) 单击图 1.1 中左上角的“设备管理器”选项，出现如图 1.2 所示设备管理器界面，在其中可以查看系统中安装的各种设备。

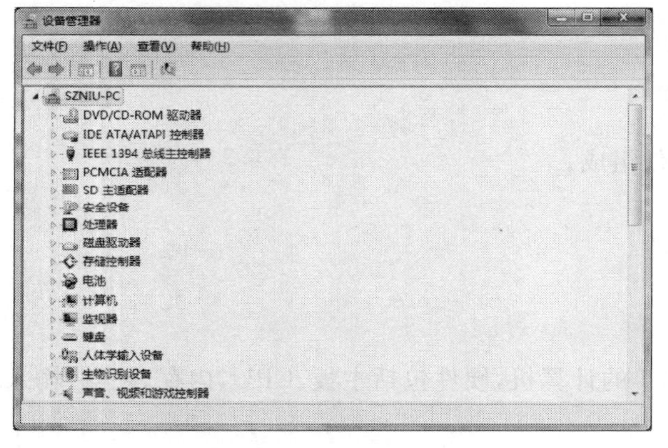

图 1.2　设备管理器

(3) 在“计算机”图标上单击右键，执行“管理”命令，在出现的计算机管理界面中，单击左侧“存储”下面的“磁盘管理”功能，如图 1.3 所示，可以查看硬盘的大小和状态。

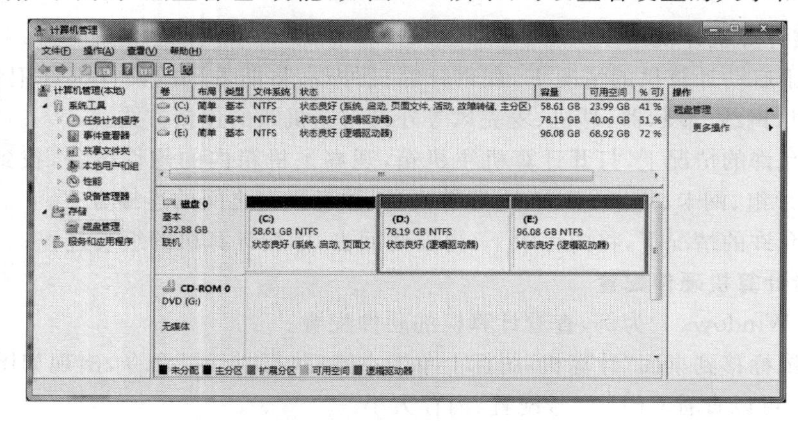

图 1.3　磁盘状态

实验作业

找到一台安装了 Windows 7 的计算机，查看并记录以下硬件设备的配置信息。

处理器：__________ 内存：__________ 硬盘驱动器：__________

声卡：__________ 显卡：__________ 鼠标：__________

键盘：__________ 光驱：__________

1.2 实验2 指法练习

实验目的

了解使用计算机键盘的基本指法。

实验准备

键盘是计算机的标准输入设备，承担了输入各种文本信息的功能，掌握正确的输入指法能够帮助输入人员提高输入效率，是使用计算机的基本要求。

实验内容

1. 观察键盘布局，了解正确指法

观察图 1.4 所示的键盘，熟悉键盘上各类按键的布局，了解使用键盘的正确指法。

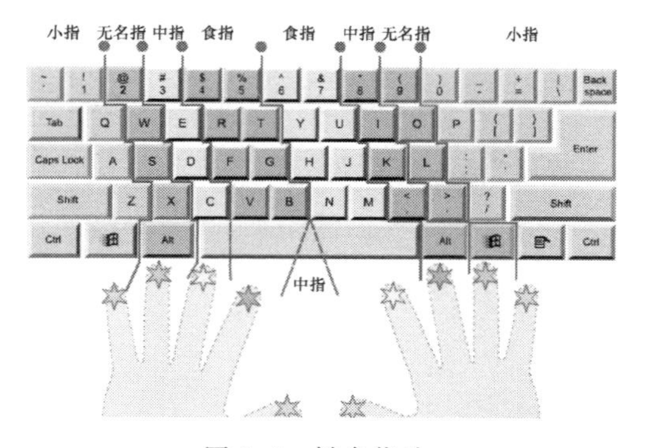

图 1.4 键盘指法

2. 键盘上的功能键介绍

① Tab：缩进，按照缩进的设置一次性缩进多个空格。

② Caps Lock：大写开关，关闭时输入的是小写字母，打开时输入的是大写字母。

③ Shift：切换按钮，在 Caps Lock 关闭的情况下，按住 Shift 键，可以输入大写字母；在 Caps Lock 打开的情况下，按住 Shift 键可以输入小写字母。

④ Ctrl：控制功能键，往往与其他键组合使用，快速完成系统功能。

⑤ Alt：切换功能键，往往与其他键组合使用，配合切换系统功能。

⑥ F1～F12：功能键，一般作为快捷键使用。

⑦ Prt Screen：抓屏键，可以获取当前屏幕信息，在编辑器中粘贴即可得到当前屏幕的静态图像。

⑧ Backspace：向前删除文本。

⑨ Del：向后删除文本。

⑩ Enter：确认或换行。

⑪ 数字键区域：在键盘上方和右侧有两个数字键区域，可以完成数字的输入。

实验作业

选择两篇短文供打字练习，反复多次进行计时练习，检验打字速度，记录1分钟打字数目。

1.3 实验3 计算机软件的认知

实验目的

① 了解控制面板的功能及使用。

② 掌握软件的安装和卸载方法。

③ 掌握用户的添加、删除方法。

实验准备

从官方网站下载“千千静听”播放器软件。

实验内容

1. 控制面板的功能及使用

控制面板(Control Panel)是 Windows 图形用户界面的一部分，可通过“开始”菜单访问。它允许用户查看并操作基本的系统设置和控制，比如添加硬件、添加/删除软件、控制用户账户、更改辅助功能选项等。在 Windows 95、Windows 98 和 Windows Me 中，控制面板可通过“开始”→“设置”→“控制面板”访问，在 Windows XP 和 Windows 7 中可以通过“开始”菜单直接访问，如图 1.5 所示，控制面板中所有选项如图 1.6 所示。

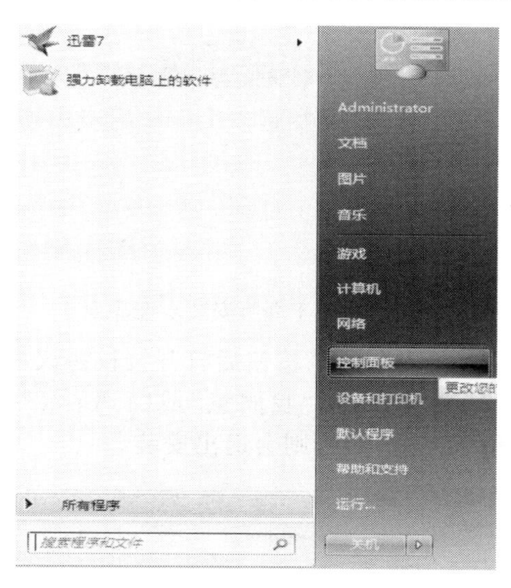

图 1.5 在 Windows 7 中从“开始”菜单直接进入“控制面板”

图 1.6 “控制面板”中所有选项

2. 软件的安装和卸载

本节将以“千千静听”为例介绍软件的安装和卸载。

(1) 软件的安装

第一步：找到已经下载好的 Setup. exe 或 install. exe 文件，双击即可运行安装程序，进入欢迎界面(如图 1.7 所示),单击“开始”按钮。

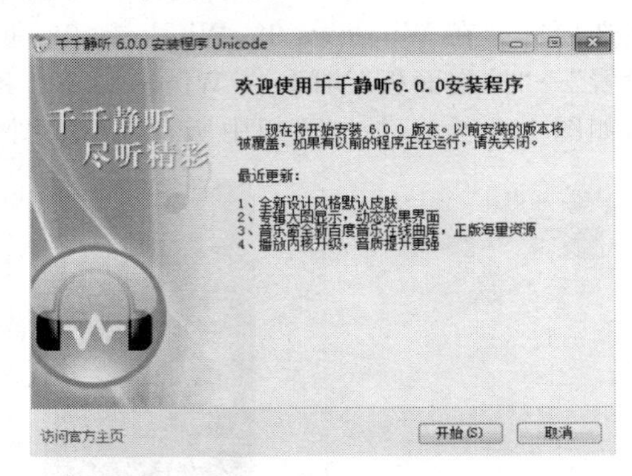

图 1.7　千千静听安装欢迎界面

第二步:同意授权协议。单击“开始”按钮后打开授权协议窗口(如图 1.8 所示),必须同意这个授权协议才能继续安装,选择“我同意”或“I Agree”。如果是商业软件,例如WPS、Office,通常还要求输入序列号,否则会退出安装。

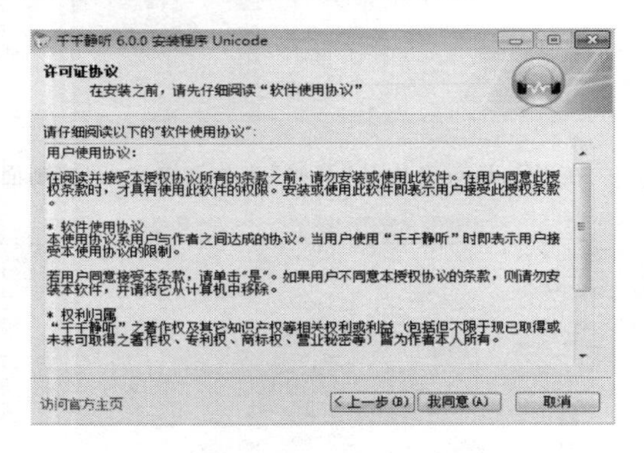

图 1.8　授权协议窗口

第三步:选择安装路径(如图 1.9 所示)。虽然绝大多数软件的默认安装路径都在C:\Program Files\下,但时间一长,C 盘内的文件会越来越多,影响系统运行,最好单击“浏览”按钮,将安装路径改到其他分区,如 D 盘或 E 盘,单击“下一步”按钮。

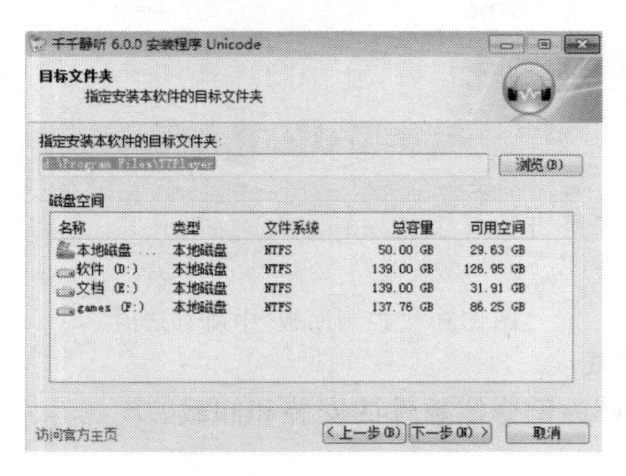

图 1.9　选择安装路径

第四步：选择要创建的快捷方式(如图 1.10 所示)，单击“下一步”按钮，直到完成，如图 1.11～图 1.13 所示。

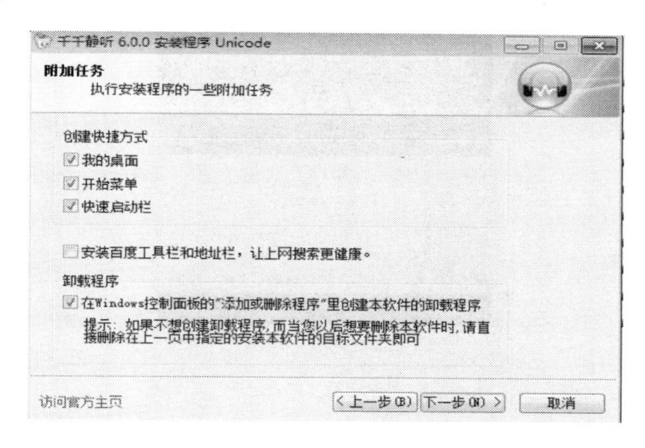

图 1.10　选择快捷方式和插件

图 1.11　千千静听安装进度

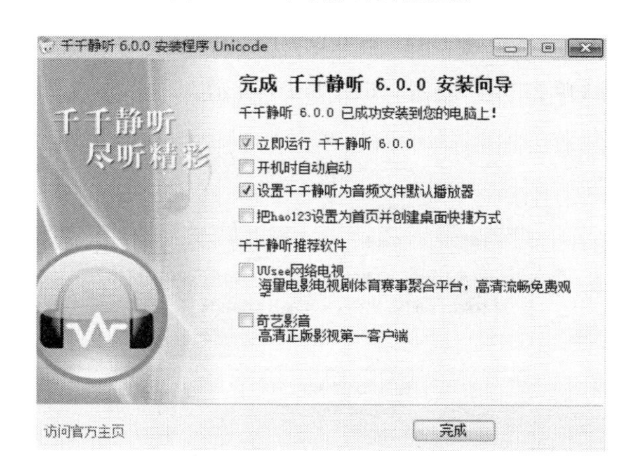

图 1.12　千千静听成功安装

图 1.13　千千静听成功运行

(2) 软件的卸载

第一步:进入控制面板,进入“程序”,选择“程序与功能”,找到要删除的程序并单击,如图 1.14 所示。

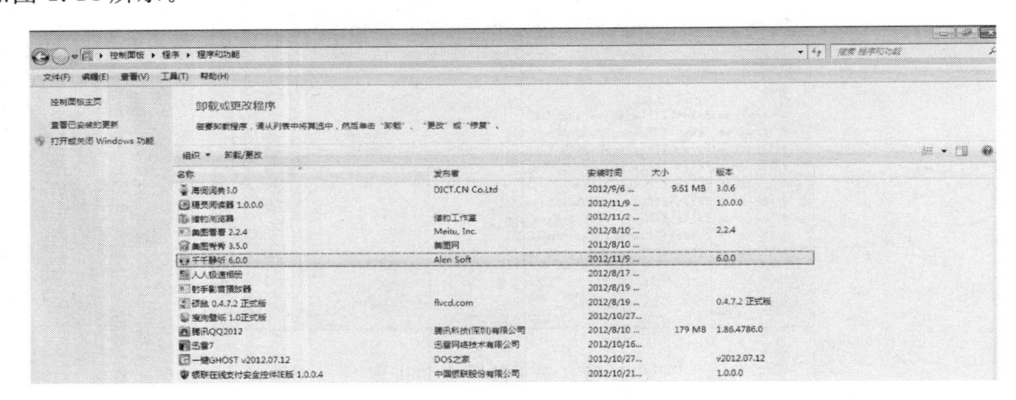

图 1.14　卸载或更改程序界面

第二步:确认删除,单击“是”按钮,如图 1.15 所示。

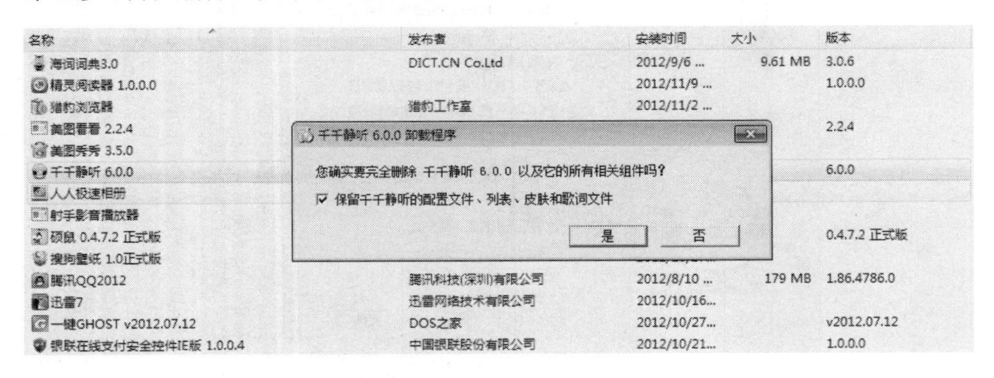

图 1.15　确认删除

第三步：千千静听成功删除，如图 1.16 所示。

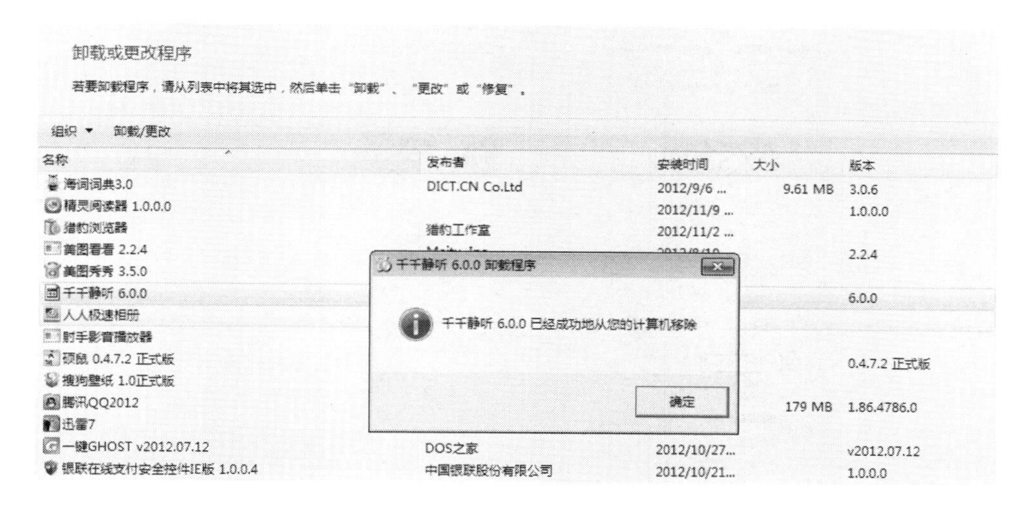

图 1.16　千千静听成功删除

3. 用户的添加及删除

（1）添加用户账户

第一步：在"开始"菜单中打开"控制面板"。

第二步：在"控制面板"中找到"用户账户和家庭安全"，选择"添加或删除用户账户"，如图 1.17 所示，然后会出现一个对话框，如图 1.18 所示。

图 1.17　打开"控制面板"

第三步：选择"创建一个新账户"，出现如图 1.19 所示的对话框。

第四步：输入新账户名，我们以"123"为例，选择"标准账户"，单击"创建账户"按钮。创建的用户名可以显示在欢迎屏幕上和"开始"菜单里。

（2）创建和更改密码

第一步：打开用户管理页面，单击"创建一个新账户"，如图 1.20 所示。

图 1.18　打开管理账户页面

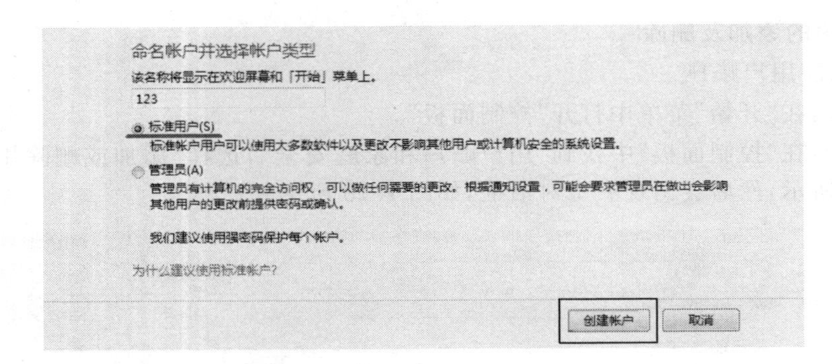

图 1.19　创建一个新账户

图 1.20　管理账户页面

如图 1.21 所示，单击“创建密码”。

图 1.21　更改账户页面

第二步：出现如图 1.22 所示对话框，输入新密码后，单击“创建密码”按钮即可。

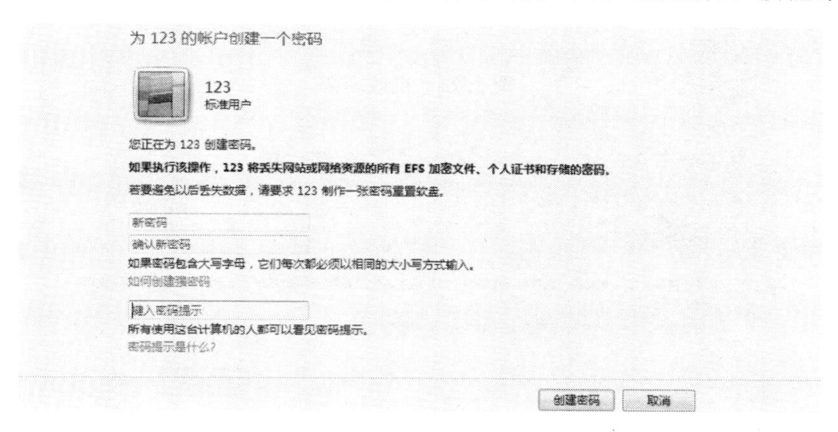

图 1.22　创建密码

第三步：创建新密码后，在更改用户页面上会出现“更改密码”、“删除密码”两项，如图 1.23所示。

图 1.23　更改账户页面

第四步：通过“更改密码”选项和“删除密码”选项，进行密码的更改和删除，如图 1.24 和图 1.25 所示。

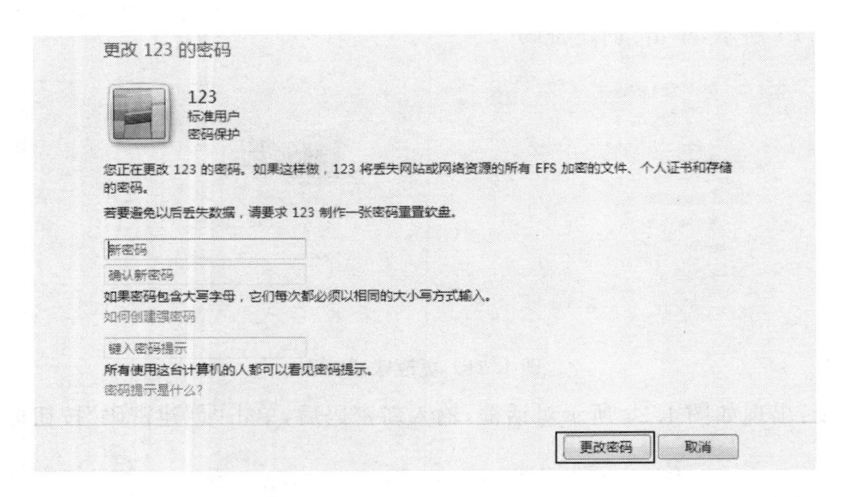

图 1.24　更改密码

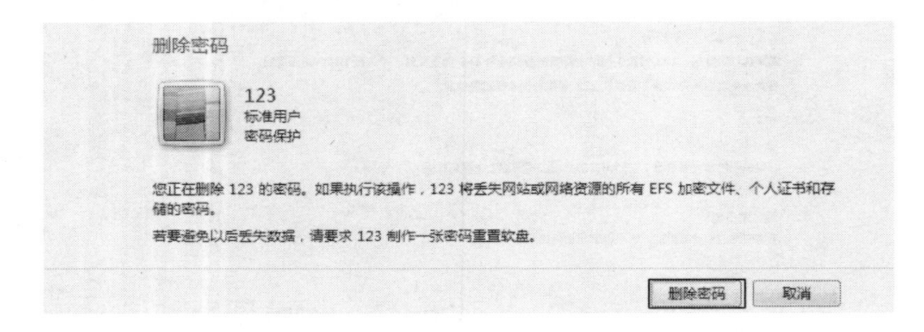

图 1.25　删除密码

(3) 删除用户账户

第一步:单击“添加或删除用户账户”。

图 1.26　打开账户管理页面

第二步:我们可以看到刚刚创建成功的新账户“123”,然后单击账户“123”,会出现如

图 1.27 所示的窗口。

图 1.27　打开新账户

第三步:单击“删除账户”选项,出现如图 1.28 所示的确认删除对话框。

图 1.28　删除新账户

第四步:选择“删除文件”或者“保留文件”都可以。最后在出现的新窗口中选择“删除用户”,新账户就可以删除。

实验作业

① 熟悉控制面板的使用,从控制面板中调整显示器的亮度和电源选项。
② 上网下载一款软件,例如腾讯 QQ,熟悉安装和卸载的过程。
③ 创建一个名为“user”的标准用户,并对其设置密码保护,然后删除该用户。

1.4　实验 4　中文输入法的安装与配置

实验目的

① 掌握中文输入法的安装与配置方法。
② 了解其他中文输入方法。

实验准备

在 Windows 7 操作系统中,集成了多种中文输入方法,包括微软拼音、智能 ABC、双拼、全拼、郑码等,选择其中任何一款,就可以进行中文的输入。此外,还可以安装别的中文输入法软件，例如，搜狗拼音、紫光拼音、谷歌拼音、万能五笔等，都是非常智能的输入法。本实验提供搜狗拼音输入法，介绍其安装和配置方法。

实验内容

1. 搜狗拼音输入法的安装

执行搜狗拼音安装程序，按照安装向导提示，将搜狗拼音输入法安装完毕。

2. 语言栏设置

在桌面底部的“任务栏”右侧的“语言栏”上右击鼠标，执行“设置”选项，出现如图 1.29所示的语言栏设置功能，可以对语言相应内容进行设置。

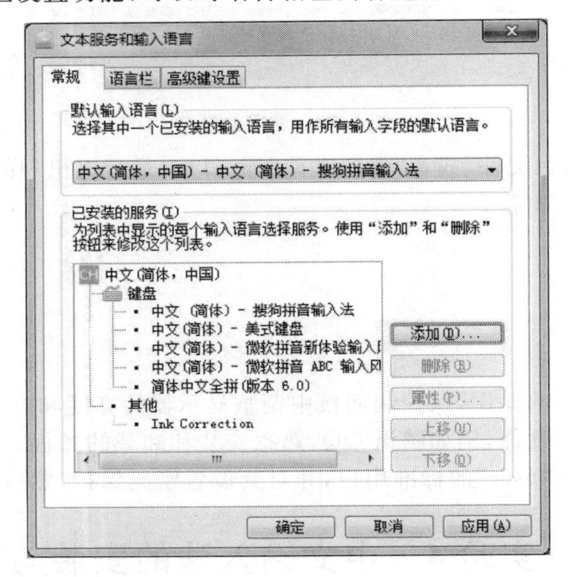

图 1.29 “文本服务和输入语言”对话框

在“默认输入语言”中，可以选择当计算机启动后，默认的输入法；在“已安装的服务”部分，可以对语言栏中显示的输入法进行增加或删除，这里可以看到，刚刚安装的“搜狗拼音输入法”已经显示出来了。对于一般不常使用的输入法，可在这里将其删去。

3. 默认的快速切换快捷键

- 中英文切换：Ctrl＋Space。
- 不同输入法之间依次切换：Ctrl＋Shift。
- 中文全角和半角切换：Shift＋Space。
- 中文标点符号和英文标点符号快速切换：Ctrl＋句号。

实验作业

(1) 找到某安装了 Windows 7 的计算机，设置输入法，仅保留微软拼音与智能 ABC 输入法；设置开机后默认输入法为微软拼音输入法。

(2) 安装一个新的输入法，并设置该输入法为开机默认输入法。

(3) 选择本书中某一章节，使用不同的键盘输入法完成文本的录入，比较不同的输入法的准确率和效率。

第2章 Windows 7操作系统的使用

2.1 实验1 Windows 7操作系统的安装

实验目的

学会在计算机上安装 Windows 7 操作系统。

实验准备

(1) 准备一台配有光驱的计算机。准备 Windows 7 安装光盘,得到该光盘的序列号。

(2) 了解预备知识:在一个计算机中可以安装多个操作系统,例如,可以安装一个 Windows 操作系统、一个 Linux 系统,也可以在不同的分区中安装多个 Windows 操作系统,本实验仅考虑安装一个操作系统的步骤。

实验内容

1. Windows 7 安装

(1) 准备 Windows 7 安装光盘,将其放入计算机的光驱中。

(2) 计算机从光盘启动,开始正式安装,如图 2.1 所示。

(3) 单击"下一步"按钮,在出现的界面中单击"现在安装",出现如图 2.2 所示的安装许可界面,勾选"我接受许可条款"。

(4) 单击"下一步"按钮,在出现的界面中选择"自定义(高级)(C)"进行安装。出现如图 2.3所示的驱动器选项;选择新建后,输入大小(即确定系统盘的大小),一般选择 30～40 GB 即可。也即是图 2.3 选择安装位置,图 2.4 上的 3 000～4 000 MB,然后单击"应用"按钮。

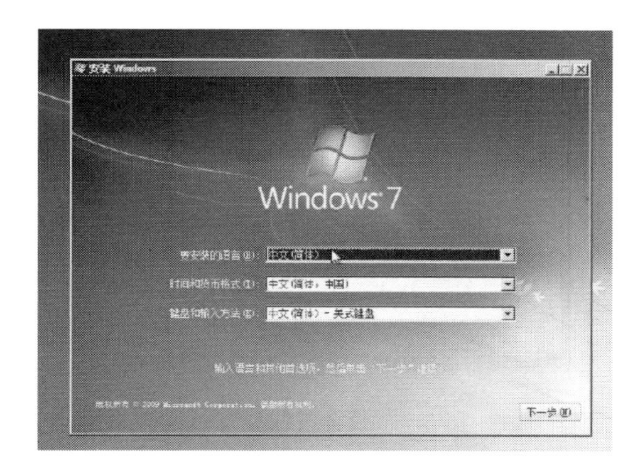

图 2.1　安装首页

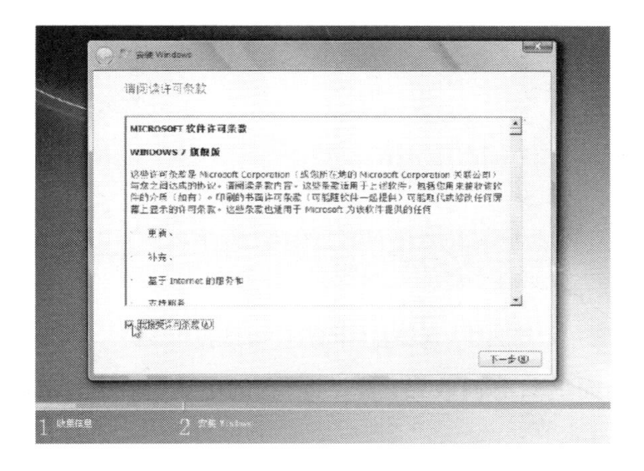

图 2.2　阅读安装许可协议

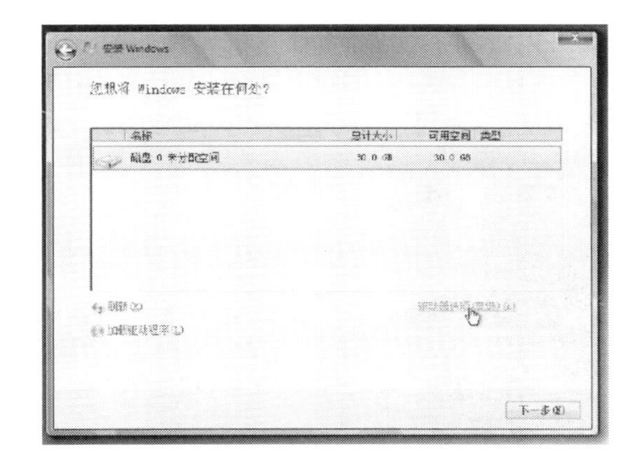

图 2.3　选择安装位置

(5) 单击类型为“主分区”一栏，然后单击“下一步”按钮开始进行安装，按提示输入用户名和密码，依次设置时间和位置。

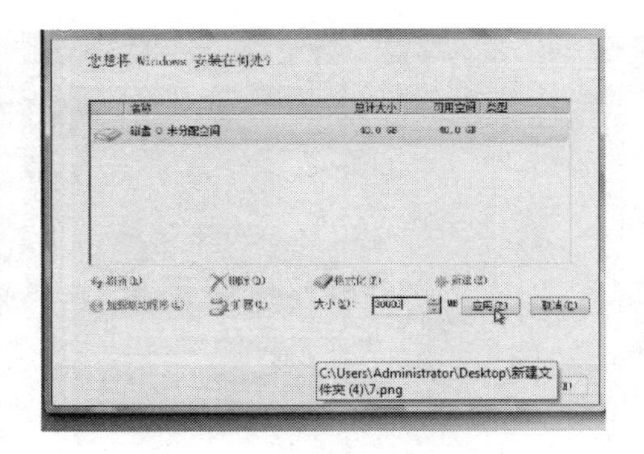

图 2.4　设置系统盘大小

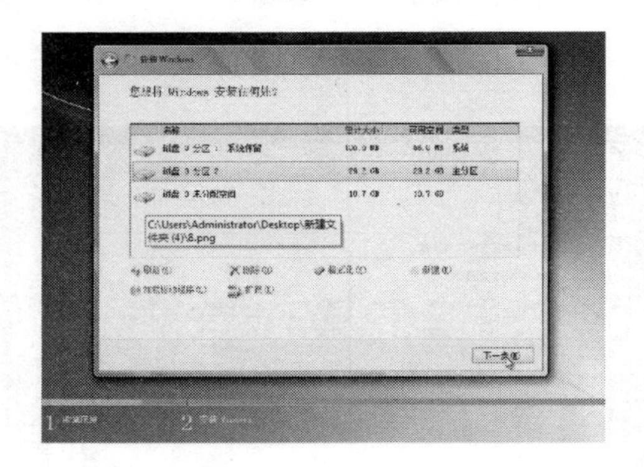

图 2.5　选择在“主分区”安装操作系统

初始安装完毕，桌面上只有回收站，需要将“我的电脑”等调出来，单击右键选择“个性化”，个性化的操作见 2.3 节。

2. Windows 7 的激活

如果要在桌面上显示放置“计算机”，只需要在图标上单击右键选择“属性”，如图 2.6 所示。单击“属性”之后就可以看到系统界面，计算机属性如图 2.6 所示，属性系统界面如图 2.7所示。

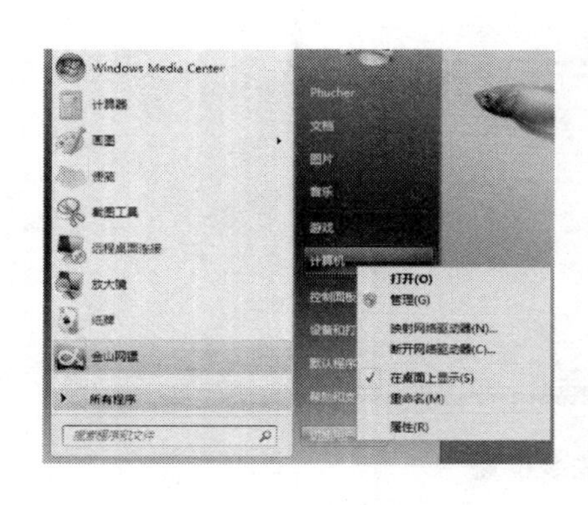

图 2.6　计算机属性

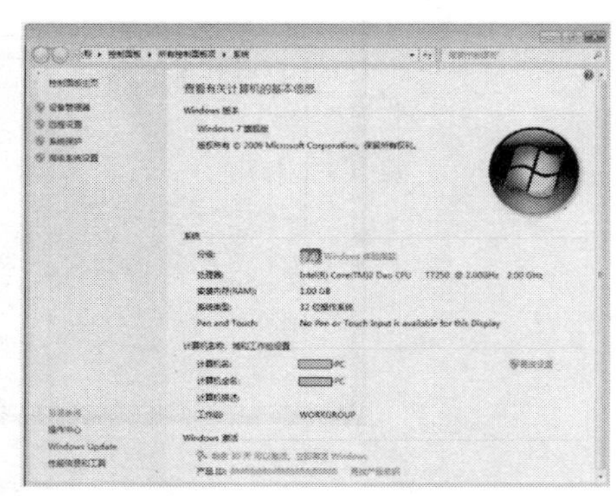

图 2.7　属性系统界面

更换 Windows 7 产品密钥只需要单击“更改产品密钥”，弹出如图 2.8 所示窗口。

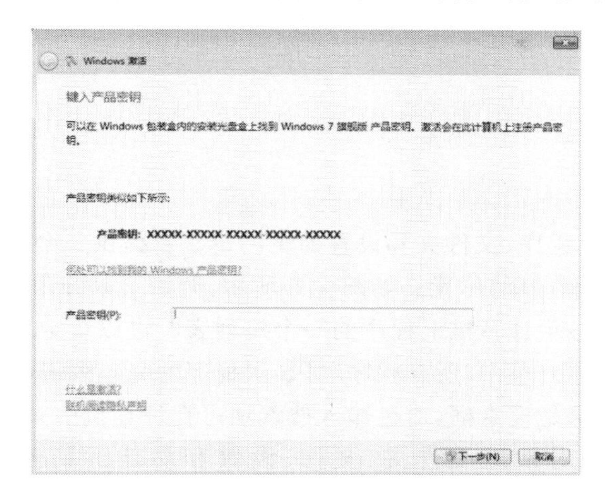

图 2.8 输入产品密匙界面

激活 Windows 7 只需要单击第一步中的“剩余××天可以激活。立即激活 Windows”链接就会弹出激活窗口，然后单击“现在联机激活 Windows(A)”，等待片刻后即可完成激活。

实验作业

在机器上安装 Windows 7 操作系统，记录下安装时所选择的安装分区信息(盘符、大小)，将安装后的系统目录打开进行截图。比较安装后的信息、操作系统安装文件所占的磁盘空间大小。

2.2 实验 2 Windows 7 常用设置

实验目的

掌握 Windows 7 各种常用设置的方法。

实验准备

(1) 已经安装了 Windows 7 的计算机。

(2) 了解预备知识：Windows 7 操作系统为用户提供了灵活的个性化设置，用户可以根据自己的喜好对系统进行设置。

实验内容

1. 开始菜单

开始菜单是计算机程序、文件夹和设置的主门户。它提供一个选项列表，通常是用户个人要启动或打开某项内容的位置。如图 2.9 所示，开始菜单分为 3 个基本部分。

- 左边的大窗格显示计算机上程序的一个短列表。可以自定义此列表，所以其确切外观会有所不同。单击“所有程序”可显示程序的完整列表(后文将详细介绍)。
- 左边窗格的底部是搜索框，通过输入搜索项可在计算机上查找程序和文件。
- 右边窗格提供对常用文件夹、文件、设置和功能的访问。在这里还可注销 Windows 或关闭计算机。

使用开始菜单可执行如下常见的操作：启动程序、打开常用的文件夹、搜索文件/文件夹和程序、调整计算机设置、获取有关 Windows 操作系统的帮助信息、关闭计算机、注销 Windows 或切换到其他用户账户。

图 2.9　开始菜单

(1) 从开始菜单打开程序

开始菜单最常见的一个用途是打开计算机上安装的程序。单击开始菜单左边窗格中显示的程序，打开该程序。开始菜单中的程序列表随着用户使用会发生变化。因为安装新程序时，新程序会添加到“所有程序”列表中。另外开始菜单会检测最常用的程序，并将其置于左边窗格中以便快速访问。

(2) 搜索框

搜索框是在计算机上查找项目的最便捷方法之一。搜索框将遍历用户个人的程序以及个人文件夹(包括“文档”、“图片”、“音乐”、“桌面”以及其他常见位置)中的所有文件夹。

它还将搜索用户个人的电子邮件、已保存的即时消息、约会和联系人。

在搜索框输入要搜索的项目后，搜索结果将显示在开始菜单左边窗格中的搜索框上方。单击任一搜索结果可将其打开，或者单击“清除”按钮清除搜索结果并返回到主程序列表。还可以单击“查看更多结果”以搜索整个计算机。

(3) 开始菜单右边窗格

开始菜单的右边窗格中包含用户个人很可能经常使用的部分 Windows 链接。从上到下有：个人文件夹、打开个人文件夹(它是根据当前登录到 Windows 的用户命名的)，此文件夹依次包含特定于用户的文件，其中包括“文档”、“音乐”、“图片”和“视频”文件夹。

- 文档：打开“文档”文件夹，用户个人可以在这里存储和打开文本文件、电子表格、演示文稿以及其他类型的文档。
- 图片：打开“图片”文件夹，用户个人可以在这里存储和查看数字图片及图形文件。
- 音乐：打开“音乐”文件夹，用户个人可以在这里存储和播放音乐及其他音频文件。
- 游戏：打开“游戏”文件夹，用户个人可以在这里访问计算机上的所有游戏。
- 计算机：打开一个窗口，用户个人可以在这里访问磁盘驱动器、照相机、打印机、扫描仪及其他连接到计算机的硬件。
- 控制面板：打开“控制面板”，用户个人可以在这里自定义计算机的外观和功能、安装或卸载程序、设置网络连接和管理用户账户。
- 设备和打印机：打开一个窗口，用户个人可以在这里查看有关打印机、鼠标和计算机上安装的其他设备的信息。
- 默认程序：打开一个窗口，用户个人可以在这里选择要让 Windows 运行用于诸如 Web 浏览活动的程序。
- 帮助和支持：打开 Windows 帮助和支持，用户个人可以在这里浏览和搜索有关使用 Windows 和计算机的帮助主题。
- 右窗格的底部是“关机”按钮。

2. 自定义开始菜单

用户可以控制要在开始菜单上显示的项目。可以将喜欢的程序的图标附到开始菜单以便于访问，也可从列表中移除程序。还可以选择在右边窗格中隐藏或显示某些项目。

组织开始菜单使用户个人更易于查找喜欢的程序和文件夹。

(1) 将程序图标锁定到开始菜单

如果定期使用程序，可以通过将程序图标锁定到开始菜单以创建程序的快捷方式。右键单击想要锁定到开始菜单中的程序图标，然后单击“锁定到开始菜单”。若要解锁程序图标，右键单击它，然后单击“从开始菜单解锁”。

(2) 从开始菜单删除程序图标

右键单击要从开始菜单中删除的程序图标，然后单击“从列表中删除”。

(3) 自定义开始菜单的右窗格

可以添加或删除出现在开始菜单右侧的项目，如计算机、控制面板和图片。还可以更改一些项目，使它们显示成链接或菜单。单击打开“任务栏和开始菜单属性”。单击“开始菜单”选项卡，然后单击“自定义”。在“自定义开始菜单”对话框中，从列表中选择所需选项，单击“确定”，然后再次单击“确定”。

(4) 还原开始菜单默认设置

可以将开始菜单还原为其最初的默认设置。单击打开“任务栏和开始菜单属性”，单击“开始菜单”选项卡，然后单击“自定义”，在“自定义开始菜单”对话框中，单击“使用默认设置”，单击“确定”，然后再次单击“确定”。

(5) 将“最近使用的项目”添加至开始菜单的步骤

“最近使用的项目”会在开始菜单的右侧显示最近所使用文件的一个列表。通过单击此列表中的文件可以打开该文件。默认情况下，“最近使用的项目”将不再显示在开始菜单上，但可以添加该选项。

① 单击打开“任务栏和开始菜单属性”。单击“开始菜单”选项卡，在“隐私”下，选中“存储并显示最近在开始菜单和任务栏中打开的项目”复选框。

② 单击“自定义”。在“自定义开始菜单”对话框中，滚动选项列表以查找“最近使用的项目”复选框，选中它，单击“确定”，然后再次单击“确定”。

(6)Windows 启动时自动运行程序

“启动”文件夹中的程序和快捷方式会随 Windows 的启动而启动。注意，还可以建立一个单独的文件(如文字处理文档)，通过将该文件的快捷方式拖动到“启动”文件夹中，使其自动打开。单击“开始”按钮、“所有程序”，右键单击“启动”文件夹，然后单击“打开”，打开要创建快捷方式的项目所在的位置。右键单击该项目，然后单击“创建快捷方式”，新的快捷方式将出现在原始项目所在位置上，将此快捷方式拖动到“启动”文件夹中。

(7) 跳转列表

Windows 7 为开始菜单和任务栏引入了“跳转列表”。“跳转列表”是最近使用的项目列表，如文件、文件夹或网站，这些项目按照用来打开它们的程序进行组织。除了能够使用“跳转列表”打开最近使用的项目之外，还可以将收藏夹项目锁定到“跳转列表”，以便可以轻松访问每天使用的程序和文件，如图 2.10 所示。

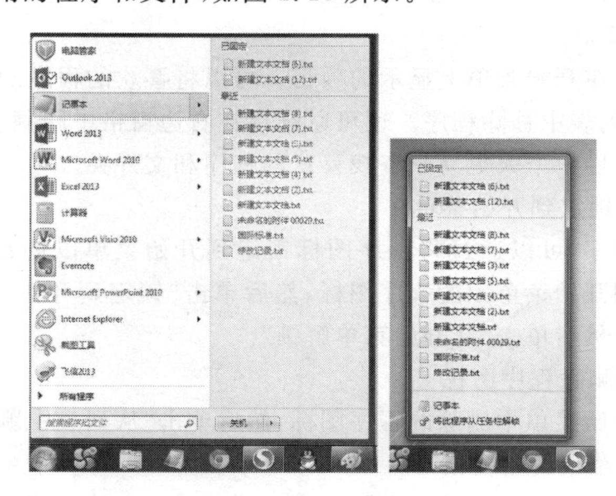

图 2.10　在开始菜单和任务栏上程序的“跳转列表”中将出现相同的项目

3. 调整任务栏

任务栏是位于屏幕底部的水平长条。与桌面不同的是，桌面可以被打开的窗口覆盖，而任务栏几乎始终可见。它有3个主要部分：

- “开始”按钮，用于打开开始菜单；
- 中间部分，显示已打开的程序和文件，并可以在它们之间进行快速切换；
- 通知区域，包括时钟以及一些告知特定程序和计算机设置状态的图标(小图片)。

一般使用任务栏的中间部分最为频繁，因此，先介绍这个部分。

(1) 跟踪窗口

如果一次打开多个程序或文件，则可以将打开窗口快速堆叠在桌面上。这种情况下使用任务栏会很方便。无论何时打开程序、文件夹或文件，Windows都会在任务栏上创建对应的按钮，按钮会显示已打开程序的图标。在下面的图片中，打开了“计算器”和“扫雷”两个程序，每个程序在任务栏上都有自己的按钮，如图2.11所示。若要切换到另一个窗口，则单击它的任务栏按钮。

(2) 最小化窗口和还原窗口

当窗口处于活动状态(突出显示其任务栏按钮)时，单击其任务栏按钮会“最小化”该窗口，这意味着该窗口从桌面上消失。最小化窗口并不是将其关闭或删除其内容，只是暂时将其从桌面上删除。也可以通过单击位于窗口右上角的最小化按钮来最小化窗口。若要还原已最小化的窗口(使其再次显示在桌面上)，则单击其任务栏按钮。

(3) 查看所打开窗口的预览

将鼠标指针移向任务栏按钮时，会出现一个小图片，上面显示缩小版的相应窗口，此预览(也称为“缩略图”)非常有用。如果其中一个窗口正在播放视频或动画，则会在预览中看到它正在播放。仅当“Aero桌面体验”可在计算机上运行且在运行Windows 7主题时，才可以查看缩略图。Aero桌面体验将在2.3节介绍。

(4) 通知区域

通知区域位于任务栏的最右侧，包括一个时钟和一组图标。它的外观如图2.12所示。这些图标表示计算机上某程序的状态，或提供访问特定设置的途径。用户个人看到的图标集取决于已安装的程序或服务以及计算机制造商设置计算机的方式。

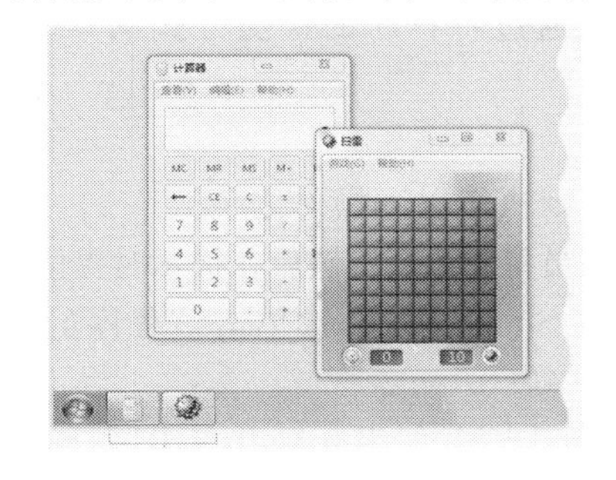

图2.11　任务栏按钮

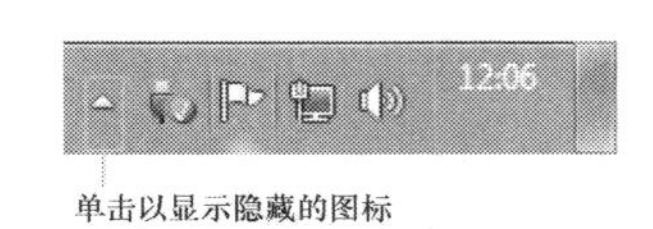

图2.12　通知区域

将指针移向特定图标时，会看到该图标的名称或某个设置的状态。双击通知区域中的图标通常会打开与其相关的程序或设置。例如，双击音量图标会打开音量控件。对于在一段时间内没有使用的图标，Windows 会将其隐藏在通知区域中。如果图标变为隐藏，则单击“显示隐藏的图标”按钮可临时显示隐藏的图标，见图 2.12。

(5) 自定义任务栏

有很多方法可以自定义任务栏来满足用户个人的偏好。例如，可以将整个任务栏移向屏幕的左边、右边或上边。可以使任务栏变大，让 Windows 在用户个人不使用任务栏的时候自动将其隐藏，也可以添加工具栏。单击任务栏上的空白空间，然后按下鼠标按钮，并拖动任务栏到桌面的 4 个边缘之一。当任务栏出现在所需的位置时，释放鼠标按钮。注意，若要锁定任务栏，则右键单击任务栏上的空白空间，然后单击“锁定任务栏”，以便出现复选标记。锁定任务栏可帮助防止无意中移动任务栏或调整任务栏大小。

(6) 将工具栏添加至任务栏

工具栏是一行、一列或一块按钮或图标，代表用户个人可以在程序中执行的任务。一些工具栏可以出现在任务栏上，如图 2.13 所示。右键单击任务栏的空白区域，然后指向“工具栏”。单击列表中的任一项目可添加或删除它，旁边带有复选标记的工具栏名称已显示在任务栏上。

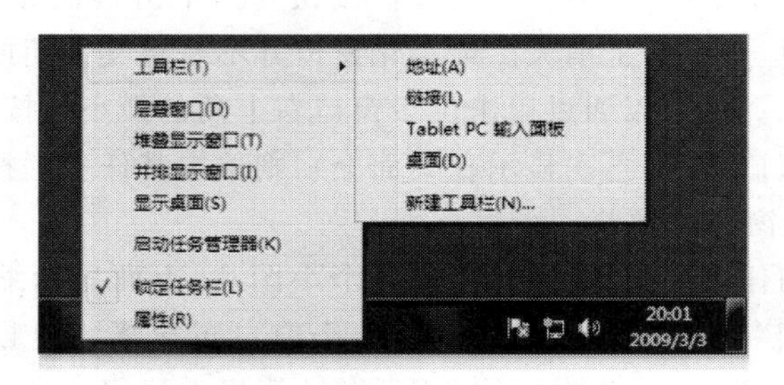

图 2.13　可以将工具栏添加至任务栏

(7) 将程序锁定到任务栏

将程序直接锁定到任务栏，以便快速方便地打开该程序。如果此程序已在运行，则右键单击任务栏上此程序的图标(或将该图标拖向桌面)来打开此程序的跳转列表，然后单击“将此程序锁定到任务栏”。如果此程序没有运行，则单击“开始”，浏览到此程序的图标，右键单击此图标并单击“锁定到任务栏”。还可以通过将程序的快捷方式从桌面或开始菜单拖动到任务栏来锁定程序。

4. 以管理员身份启动程序的步骤

若要使用管理员账户权限从任务栏中运行程序，则执行以下操作之一。

- 按 Shift 键的同时右键单击该图标，单击“以管理员身份运行”，然后在提示时提供确认。
- 如果该程序正在运行，则打开“跳转列表”，按 Shift 键并右键单击该程序的名称，单击“以管理员身份运行”，然后在提示时提供确认。
- 若要以管理员身份打开某个程序，还可以按 Ctrl+Shift 组合键并单击“跳转列表”中该图标或该图标的名称。

5. 管理桌面

桌面是打开计算机并登录到 Windows 之后看到的主屏幕区域。就像实际的桌面一样，它是用户个人工作的平面。双击桌面图标会启动或打开它所代表的项目。

(1) 从桌面上添加和删除图标

可以选择要显示在桌面上的图标，可以随时添加或删除图标。如果想要从桌面上轻松访问偏好的文件或程序，可创建它们的快捷方式。向桌面上添加快捷方式的步骤是，找到要为其创建快捷方式的项目，右键单击该项目，单击“发送到”，然后单击“桌面快捷方式”。该快捷方式图标便出现在桌面上。打开包含该文件的文件夹，将该文件拖动到桌面上，还可以将文件夹中的文件移动到桌面上。

(2) 移动图标

Windows 将图标排列在桌面左侧的列中，还可以让 Windows 自动排列图标。右键单击桌面上的空白区域，单击“视图”，然后单击“自动排列图标”。Windows 将图标排列在左上角并将其锁定在此位置。若要对图标解除锁定以便可以再次移动它们，则再次单击“自动排列图标”，同时清除旁边的复选标记。

(3) 隐藏桌面图标

如果想要临时隐藏所有桌面图标，而实际并不删除它们，则右键单击桌面上的空白部分，单击“视图”，然后单击“显示桌面项”以从该选项中清除复选标记。现在，桌面上没有显示任何图标。可以通过再次单击“显示桌面项”来显示图标。

(4) 回收站

当用户个人删除文件或文件夹时，系统并不立即将其删除，而是将其放入回收站，如果用户个人改变主意并决定使用已删除的文件，则可以将其取回。如果确定无须再次使用已删除的项目，则可以清空回收站。

6. 使用窗口

每当打开程序、文件或文件夹时，它都会在屏幕上称为窗口的框或框架中显示。虽然每个窗口的内容各不相同，但所有窗口都有一些共同点。一方面，窗口始终显示在桌面上。另一方面，大多数窗口都具有相同的基本部分。窗口的各个部分如图 2.14 所示。

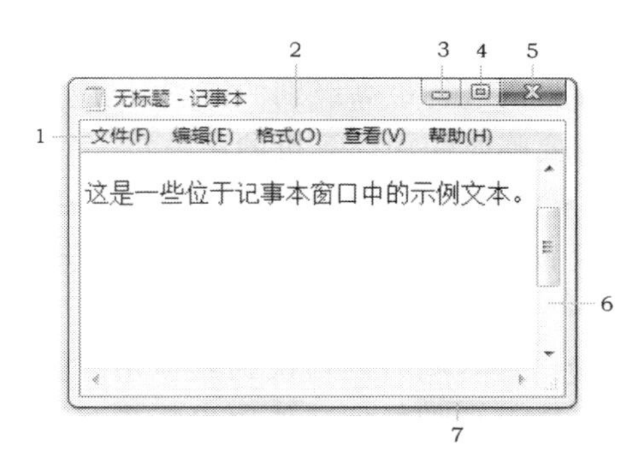

图 2.14 典型窗口的各个部分

图 2.14 中各部分的功能介绍如下。

- ①菜单栏。包含程序中可单击进行选择的项目。
- ②标题栏。显示文档和程序的名称。
- ③④⑤最小化、最大化和关闭按钮。这些按钮分别可以隐藏窗口、放大窗口使其填充整个屏幕以及关闭窗口。

- ⑥滚动条。可以滚动窗口的内容以查看当前视图之外的信息。
- ⑦边框和角。可以用鼠标指针拖动这些边框和角以更改窗口的大小。

(1) 在窗口间切换

如果打开了多个程序或文档,可以快速切换到其他窗口,通过按 Alt+Tab 组合键可以切换到先前的窗口,或者通过按住 Alt 键并重复按 Tab 键循环切换所有打开的窗口和桌面。释放 Alt 键可以显示所选的窗口。按住 Windows 徽标键的同时按 Tab 键可打开三维窗口切换。

(2) 自动排列窗口

按以下 3 种方式之一使 Windows 自动排列窗口:层叠、纵向堆叠或并排,如图 2.15 所示。在桌面上打开一些窗口,然后右键单击任务栏的空白区域,单击"层叠窗口"、"堆叠显示窗口"或"并排显示窗口"。

图 2.15 以层叠(左)、纵向堆叠(中)或并排模式(右)排列窗口

7. 用户账户管理

用户账户是通知 Windows 用户个人可以访问哪些文件和文件夹,可以对计算机和个人首选项(如桌面背景或屏幕保护程序)进行哪些更改的信息集合。通过用户账户,用户可以在拥有自己的文件和设置的情况下与多个人共享计算机。每个人都可以使用用户名和密码访问其用户账户。

有 3 种类型的账户,每种类型为用户提供不同的计算机控制级别:

- 标准账户适用于日常计算;
- 管理员账户可以对计算机进行最高级别的控制,但应该只在必要时才使用;
- 来宾账户主要针对需要临时使用计算机的用户。

设置 Windows 时,将要求用户个人创建用户账户,需要用户账户才能使用Windows。此账户将是允许用户个人设置计算机以及安装用户个人想使用的所有程序的管理员账户。

如果计算机上有多个用户账户,则可以切换到其他用户账户而不需要注销或关闭程序,该方法称为快速用户切换。若要切换到其他用户账户,请按照以下步骤操作:单击开始按钮、指向"关闭"按钮旁边的箭头,然后单击"切换用户"。

8. 任务管理器

任务管理器显示计算机上当前正在运行的程序、进程和服务。可以使用任务管理器监视计算机的性能或者关闭没有响应的程序。可以通过右键单击任务栏上的空白区域打开任务管理器,然后单击"任务管理器",或者通过按 Ctrl+Shift+Esc 组合键来打开任务管理器。

(1) 使用任务管理器查看运行程序信息

使用任务管理器查看用户个人计算机上当前正在运行的程序列表。单击“应用程序”选项卡可查看用户个人计算机上当前正在运行的所有程序的列表以及每个程序的状态(“正在运行”或“未响应”)。如果程序没有响应并且用户个人想关闭该程序,则单击该程序,然后单击“结束任务”,使用该程序所做的所有未保存的更改将丢失。

(2) 使用任务管理器查看有关计算机性能的详细信息

任务管理器中的“性能”选项卡提供有关计算机如何使用系统资源的信息。任务管理器的性能选项卡包括4个图表。图2.16中上面第一行两个图表显示了当前以及过去数分钟内使用的CPU数量(如果“CPU使用记录”图表显示分开,则计算机具有多个CPU,或者有一个双核的CPU,或者两者都有)。较高的百分比意味着程序或进程要求大量CPU资源,这会使计算机的运行速度减慢。如果百分比冻结在100%附近,则程序可能没有响应。图2.16中下面第二行两个图表显示了当前以及过去数分钟内所使用的RAM或物理内存的数量(以MB为单位),“任务管理器”窗口底部列出了正在使用的内存的百分比。

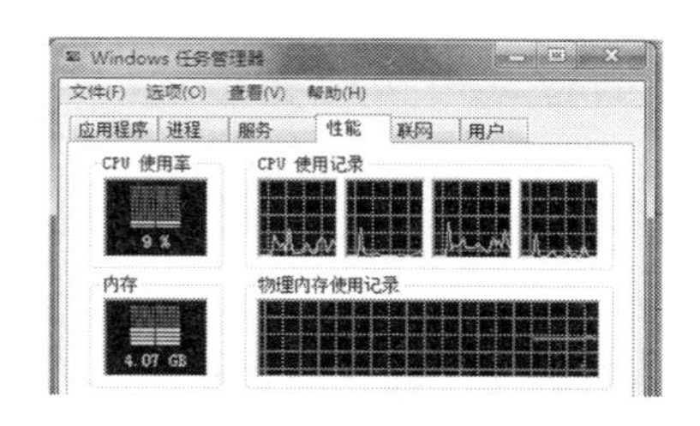

图2.16 性能图表

(3) 使用任务管理器查看进程信息

选择“任务管理器”→“进程选项卡”,显示当前正在用户账户下运行的进程。在“属性”对话框中,用户个人可以查看有关该进程的常规信息,包括其位置和大小。在“详细信息”选项卡可查看有关该进程的详细信息。如果一个进程由于使用了高百分比的CPU资源或较大数量内存,可以使用任务管理器来结束某一进程。使用任务管理器结束进程之前,应尝试关闭用户个人打开的程序以查看进程是否已结束。注意:如果结束与系统服务关联的进程,则系统的某些部分可能无法正常工作。

实验作业

(1) 从开始菜单搜索程序

说明:单击开始按钮,然后在搜索框中输入单词或短语。将搜索的内容和搜索的结果进行截图。

(2) 将“运行”命令添加到开始菜单中

说明:单击打开“任务栏和开始菜单属性”。单击“开始菜单”选项卡,然后单击“自定义”。在“自定义开始菜单”对话框中，滚动选项列表以查找“运行命令”复选框，选中它，单击“确定”，然后再次单击“确定”。将操作前和操作后的结果进行截图。

(3) 打开任务管理器，学会查看任务管理器各部分内容

说明：截取“Windows 任务管理器”窗口，查看当前正在运行的程序、进程，以及计算机的性能情况。将操作的结果进行截图。

(4) 在桌面创建某个程序或某个文件的快捷方式

说明：截取所创建的程序或者文件的快捷方式，将操作的步骤进行说明。

(5) 使用组合键 Alt＋Tab 快速跳转到窗口

说明：① 按下组合键 Alt＋Tab，可以看到所有打开文件的列表。② 松开 Tab 键，仍然按住 Alt 键，可持续查看到整个“Alt＋Tab 切换窗口”，按“PrtScreen”截屏键截屏。③ 仍然按住 Alt 键并继续连续单击 Tab 键，直到突出显示要打开的文件，选择该文件。输出截屏内容。

2.3 实验 3 Windows 7 个性化配置

实验目的

学会在计算机上使用 Windows 7 个性化配置操作。

实验准备

(1) 已经安装了 Windows 7 的计算机。

(2) 了解预备知识：个性化设置计算机可以通过更改计算机的主题、颜色、声音、桌面背景、屏幕保护程序、字体大小和用户账户图片来向计算机添加个性化设置，还可以为桌面选择特定的小工具。

实验内容

1. 更改主题

主题是计算机上的图片、颜色和声音的组合。它包括桌面背景、屏幕保护程序、窗口边框颜色和声音方案，某些主题也可能包括桌面图标和鼠标指针，Windows 提供了多个主题。可以选择 Aero 主题使计算机个性化；如果计算机运行缓慢，可以选择 Windows 7基本主题；如果希望屏幕更易于查看，可以选择高对比度主题。单击选择要应用于桌面的主题即可，还可以分别更改主题的图片、颜色和声音来创建自定义主题，

如图 2.17 所示。

图 2.17　主题包括的内容

2. 更改 Aero 桌面体验

Aero 桌面体验的特点是透明的玻璃图案带有精致的窗口动画和新窗口颜色，如图 2.18所示。它包括与众不同的直观样式，将轻型透明的窗口外观与强大的图形高级功能结合在一起。

图 2.18　Aero 桌面体验为开放式外观提供了类似于玻璃的窗口

单击"开始"→"控制面板"→"外观和个性化"，则可以更改计算机视觉效果和声音。有多种 Aero 主题供选择，如图 2.19 所示。

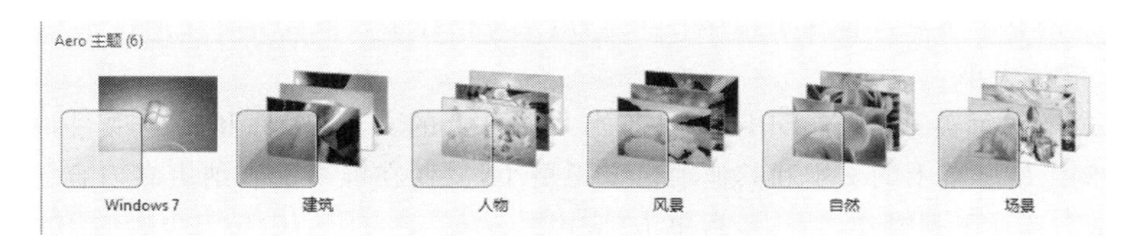

图 2.19　Aero 主题

3. 更改计算机上的颜色

可通过更改主题来更改窗口边框、开始菜单和任务栏等的颜色，也可以手动更改计算机上的颜色。单击打开"窗口颜色和外观"，选择保存所需的颜色，如图 2.20 所示。

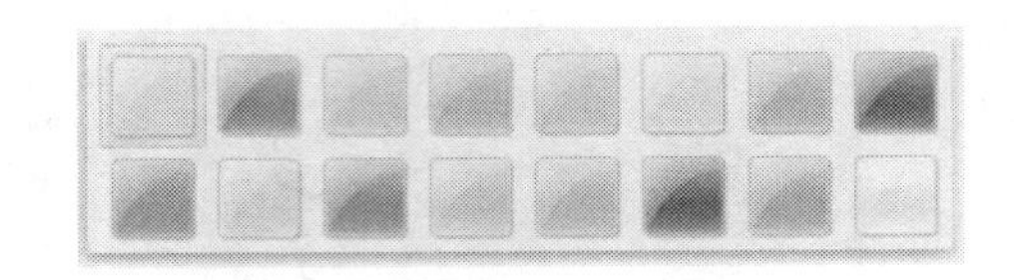

图 2.20　使用提供的颜色可对窗口着色

4. 更改计算机声音

更改在计算机上发生某些事件时播放声音的方案，单击打开“声音”选项卡，选择要使用的声音方案，然后单击“确定”。可单击“测试”倾听该方案中每个事件的发声方式。在“程序事件”列表中，单击要为其分配新声音的事件，更改计算机声音。

5. 更改桌面背景

桌面背景（也称为“壁纸”）是显示在桌面上的图片、颜色或图案。可以选择某个图片作为桌面背景，也可以以幻灯片形式显示图片。

单击打开“桌面背景”，单击要用于桌面背景的图片或颜色，或单击“图片位置”列表中的选项查看其他类别，或单击“浏览”搜索计算机上的图片。找到所需的图片后，双击该图片，它将成为桌面背景。在“图片位置”下，单击“适应”或“居中”，选择图片位置。也可以选择存储在计算机上的任何图片，右键单击该图片，然后单击“设置为桌面背景”，即可将其设为桌面背景。

使用幻灯片（一系列不停变换的图片）作为桌面背景。查找要包含在幻灯片中的图片，所有的图片都必须位于同一文件夹中，选中要包含在幻灯片中的每个图片对应的复选框，默认情况下，将选中文件夹中的所有图片并将其作为幻灯片的一部分。如果不希望包含文件夹中的所有图片，清除要从幻灯片中删除的每个图片对应的复选框。单击“更改图片时间间隔”，选择幻灯片变换图片的时间间隔，选中“无序播放”复选框使图片以随机顺序显示，保存更改。

屏幕保护程序是在指定时间内没有使用鼠标或键盘时，出现在屏幕上的图片或动画。更改屏幕保护程序，单击打开“屏幕保护程序设置”，在列表中，单击要使用的屏幕保护程序，然后单击“确定”。可以使用保存在计算机上的个人图片来创建自己的屏幕保护程序，也可以从网站上下载屏幕保护程序。注意，应从可信任来源下载屏幕保护程序。

6. 字体大小

通过增加每英寸点数（DPI）比例来放大屏幕上的文本、图标和其他项目。或降低DPI比例以使屏幕上的文本和其他项目变得更小，以便在屏幕上容纳更多内容。单击打开“显示”，选择下列操作之一，最后单击“应用”。

- “较小－100％（默认）”。该选项使文本和其他项目保持正常大小。
- “中等－125％”。该选项将文本和其他项目设置为正常大小的125％。
- “较大－150％”。该选项将文本和其他项目设置为正常大小的150％。仅当监视器支持的分辨率至少为1 200像素×900像素时才显示该选项。

7. 用户账户图片

用户账户图片有助于标识计算机上的账户，该图片显示在欢迎屏幕和开始菜单上。

打开“用户账户”→“更改图片”，单击要使用的图片“更改图片”，可以使用文件扩展名为.jpg、.png、.bmp或.gif的任意大小的图片。

8. 桌面小工具

桌面小工具是一些可自定义的小程序，它能够显示不断更新的标题、幻灯片图片或联系人等信息，无须打开新的窗口。计算机上安装的所有桌面小工具都位于“桌面小工具库”中，包括日历、时钟、联系人、提要标题、幻灯片放映、图片拼图板，如图2.21所示。

(1) 向桌面中添加/删除/卸载小工具

右键单击桌面，然后单击“小工具”，在列表中双击小工具可将其添加到桌面。删除小工具则右键单击然后选择“关闭小工具”。卸载小工具则右键单击然后选择“卸载”。卸载后还原，则依次单击开始→控制面板→在搜索框中输入“还原小工具”→“还原Windows上安装的桌面小工具”。

(2) 管理小工具

右键单击小工具，然后单击“前端显示”，或按Windows徽标键+空格键，以便这些小工具始终可见。取消则右键单击此小工具，然后单击“前端显示”以清除该复选框。

可移动小工具到桌面上的任意位置。右键单击桌面，然后单击“小工具”。在搜索框中，输入要查找的小工具的名称，则可以搜索计算机上已安装的小工具。

9. 更改屏幕分辨率

屏幕分辨率指的是屏幕上显示的文本和图像的清晰度。分辨率越高(如1 600×1 200)，项目越清楚。同时屏幕上的项目越小，因此屏幕可以容纳越多的项目。分辨率越低(如800×600)，在屏幕上显示的项目越少，但尺寸越大。LCD监视器通常使用其“原始分辨率”运行最佳。LCD监视器通常采用两种形状：一种是标准比例，即宽度和高度之比为4∶3，另一种是宽屏幕比率，即16∶9或16∶10。与标准比率监视器相比，宽屏幕监视器具有较宽的形状和分辨率。

“控制面板”中的“屏幕分辨率”显示针对用户个人的监视器推荐的分辨率，如图2.22所示。单击打开“屏幕分辨率”，选择所需的分辨率，单击“应用”。

图2.21 桌面上的小工具

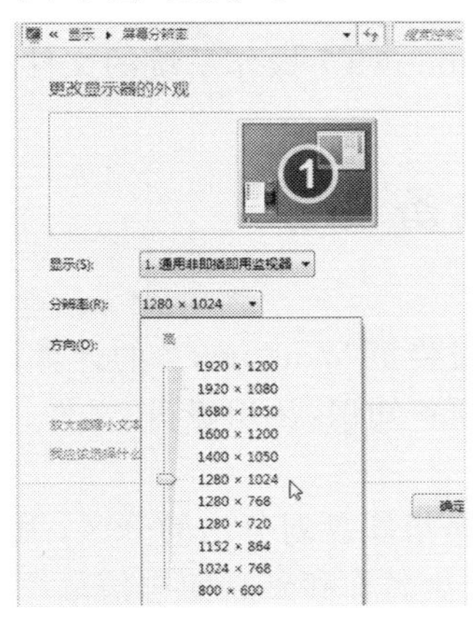

图2.22 屏幕分辨率

实验作业

1. 更改 Aero 桌面体验

说明:选择 Aero 主题中的一种,应用后,观察操作系统的变化,对变化的内容进行截图,如实验内容中的图 2.18。

2. 更改计算机上的颜色

说明:在主题中更改计算机的颜色,选择颜色中的一种,观察操作系统的变化,对变化的内容进行截图,如实验内容中的图 2.20。

3. 安装和卸载个性化的屏幕保护程序

说明:更多的屏幕保护程序可以从互联网上获得,从网上选择一款屏幕保护程序,注意要从可信的下载网站下载。

根据要安装的屏幕保护程序的安装提示完成安装,将安装完的结果进行截图。

4. 小工具的使用

说明:按照小工具的使用方法选择自己喜欢的工具。将添加后的结果进行截图。按步骤删除小工具。还原小工具,并把操作步骤截图。如果用户个人已从桌面中删除某个小工具且需要将其放回原处,则执行以下步骤:右键单击桌面,然后单击“小工具”,浏览到要还原的小工具,右键单击此小工具,然后单击“添加”。

2.4 实验 4 Windows 7 文件与文件夹管理

实验目的

学会在 Windows 7 操作系统的文件与文件夹管理操作。

实验准备

(1) 已经安装了 Windows 7 的计算机。

(2) 了解预备知识:认识磁盘、文件、文件夹、系统文件。

① 磁盘

磁盘通常是指硬盘划分出的分区,用于存放计算机中的各种资源。磁盘的盘符通常由磁盘图标、磁盘名称和磁盘使用信息组成,用大写的英文字母后面加一个冒号来表示,如“C:”,可以简称为 C 盘。用户可以根据需要在不同的磁盘中存放相应的内容。

② 文件

文件是包含信息(如文本、图像或音乐)的项。文件打开时,非常类似在桌面上或文件柜中看到的文本文档或图片。在计算机上,文件用图标表示,这样便于通过查看其图标来识别文件类型。

③ 文件夹

文件夹是可以在其中存储文件的容器。如果在桌面上放置数以千计的纸质文件,要在需要时查找某个特定文件几乎是不可能的。这就是人们时常把纸质文件存储在文件柜内的文件夹中的原因。计算机上文件夹的工作方式与此相同。文件夹还可以存储其他文件夹,文件夹中包含的文件夹通常称为“子文件夹”。可以创建任何数量的子文件夹,每个子文件夹中又可以容纳任何数量的文件和其他子文件夹。

④ 库

库是 Windows 7 中的新增功能。库是用于管理文档、音乐、图片和其他文件的位置。可以使用与在文件夹中浏览文件相同的方式浏览文件,也可以查看按属性(如日期、类型和作者)排列的文件。4 个默认库是文档库、图片库、音乐库和视频库。

- 文档库。组织和排列文档、电子表格、演示文稿以及其他与文本有关的文件。默认情况下,移动、复制或保存到文档库的文件都存储在“我的文档”文件夹中。
- 图片库。组织和排列图片,图片可从照相机、扫描仪或者从电子邮件中获取。默认情况下,移动、复制或保存到图片库的文件都存储在“我的图片”文件夹中。
- 音乐库。组织和排列数字音乐,如从音频 CD 翻录或从 Internet 下载的歌曲。默认情况下,移动、复制或保存到音乐库的文件都存储在“我的音乐”文件夹中。
- 视频库。组织和排列视频,例如取自数字相机、摄像机的剪辑,或者从 Internet 下载的视频文件。默认情况下,移动、复制或保存到视频库的文件都存储在“我的视频”文件夹中。

在某些方面,库类似于文件夹。例如,打开库时将看到一个或多个文件。但与文件夹不同的是,库可以收集存储在多个位置中的文件,这是一个细微但重要的差异。库实际上不存储项目,它们监视包含项目的文件夹,并允许用户个人以不同的方式访问和排列这些项目。

⑤ 系统文件

系统文件是计算机上运行 Windows 所必需的任意文件。系统文件通常位于“Windows”文件夹或“Program Files”文件夹中。默认情况下,系统文件是隐藏的。最好让系统文件保持隐藏状态,以避免将其意外修改或删除。通常,不应通过重命名、移动或删除系统文件来更改系统文件,因为这样做会使计算机无法正常工作。即使更改系统文件看上去不会对计算机立即产生影响,但是下次启动 Windows 或运行特定程序时,计算机都可能无法正常工作。如果硬盘上有不需要的系统文件,可以使用磁盘清理将这些文件安全地删除。

实验内容

1. 文件与文件夹的基本操作

在打开文件夹或库时,用户个人可以在窗口中看到它。此窗口的各个不同部分旨在帮助用户个人围绕 Windows 进行导航,或更轻松地使用文件、文件夹和库。图 2.23 是一个典型的窗口及其所有组成部分,各部分的用途见表 2.1。

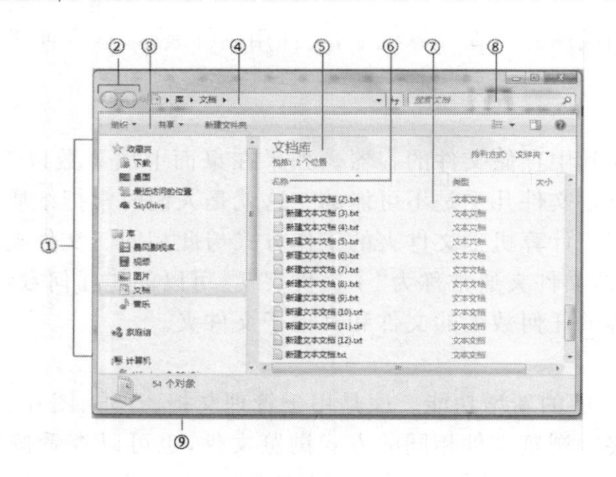

图 2.23　窗口

表 2.1　文件夹窗口各组成部分及用途

窗口部件	用　途
①导航窗格	使用导航窗格可以访问库、文件夹、保存的搜索结果，甚至可以访问整个硬盘。使用“收藏夹”部分可以打开最常用的文件夹和搜索；使用“库”部分可以访问库。可以使用“计算机”文件夹浏览文件夹和子文件夹
②后退/前进按钮	使用“后退”按钮和“前进”按钮可以导航至已打开的其他文件夹或库，而无须关闭当前窗口。这些按钮可与地址栏一起使用，例如，使用地址栏更改文件夹后，可以使用“后退”按钮返回到上一文件夹
③工具栏	使用工具栏可以执行一些常见任务，如更改文件和文件夹的外观、将文件刻录到 CD 或启动数字图片的幻灯片放映。工具栏的按钮可更改为仅显示相关的任务
④地址栏	使用地址栏可以导航至不同的文件夹或库，或返回上一文件夹或库
⑤库窗格	仅当用户个人在某个库（如文档库）中时，库窗格才会出现。使用库窗格可自定义库或按不同的属性排列文件
⑥列标题	使用列标题可以更改文件列表中文件的整理方式。例如，用户个人可以单击列标题的左侧以更改显示文件和文件夹的顺序，也可以单击右侧以采用不同的方法筛选文件（注意，只有在“详细信息”视图中才有列标题）
⑦文件列表	显示当前文件夹或库内容的位置。如果用户个人通过在搜索框中输入内容来查找文件，则仅显示与当前视图相匹配的文件（包括子文件夹中的文件）
⑧搜索框	在搜索框中输入词或短语可查找当前文件夹或库中的项。一开始输入内容，搜索就开始了。例如，当用户个人输入“B”时，所有名称以字母 B 开头的文件都将显示在文件列表中
⑨细节窗格	细节窗格可以查看与选定文件关联的最常见属性。文件属性是关于文件的信息，如作者、上一次更改日期，及可能已添加到文件的所有描述性标记
预览窗格	使用预览窗格可以查看大多数文件的内容。例如，如果选择电子邮件、文本文件或图片，则无须在程序中打开即可查看其内容。如果看不到预览窗格，可以单击工具栏中的“预览窗格”按钮打开预览窗格

(1) 查看和排列文件和文件夹

在打开文件夹或库时,可以更改文件在窗口中的显示方式。如图 2.24 所示,单击“视图”按钮选择 5 种不同的显示文件和文件夹的方式:大图标、列表、称为“详细信息”的视图(显示有关文件的多列信息)、称为“图块”的小图标视图以及称为“内容”的视图(显示文件中的部分内容)。

(2) 查找文件

使用搜索框查找文件,如图 2.25 所示。搜索框位于每个窗口的顶部,单击搜索框并输入文本,查找文件。如果基于属性(如文件类型)搜索文件,在开始输入文本前,单击搜索框,然后单击搜索框正下方的某一属性来缩小搜索范围。在搜索文本中添加一条“搜索筛选器”(如“类型”),将提供更准确的结果。如果没有看到查找的文件,则可以通过单击搜索结果底部的某一选项来更改整个搜索范围。

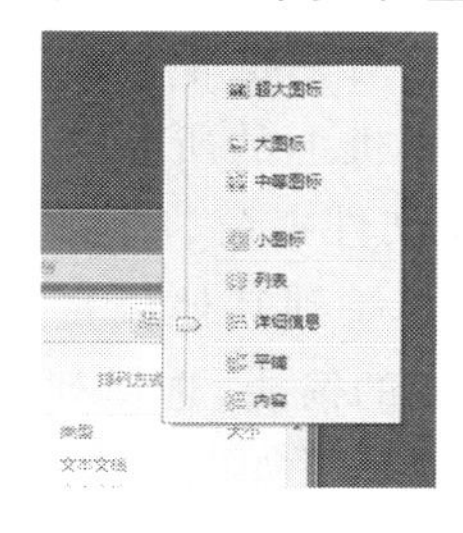

图 2.24 “视图”选项

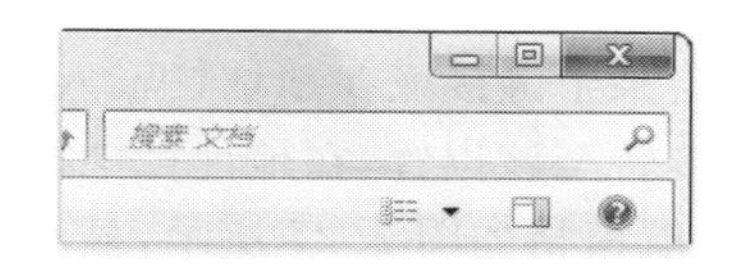

图 2.25 搜索框

(3) 复制和移动文件和文件夹

可以使用“拖放”的方法复制和移动文件。打开包含要移动的文件或文件夹的文件夹,在其他窗口中打开要将其移动到的文件夹。接着,从第一个文件夹将文件或文件夹拖动到第二个文件夹。注意:如果在存储在同一个硬盘上的两个文件夹之间拖动某个项目,则是移动该项目。如果将项目拖动到其他位置(不同硬盘或网络位置),则会复制该项目。

(4) 创建和删除文件

创建新文件的最常见方式是使用程序。例如,可以在字处理程序中创建文本文档或者在视频编辑程序中创建电影文件。

当用户个人不再需要某个文件时,可以从计算机中将其删除。若要删除某个文件,选中该文件。按键盘上的 Delete 键,在“删除文件”对话框中单击“是”。删除文件时,它会被临时存储在“回收站”中。若要永久删除文件,则选择该文件并按组合键 Shift+Delete。从网络文件夹或 U 盘删除文件,则可能会永久删除该文件。如果无法删除某个文件,则可能是当前运行的某个程序正在使用该文件,关闭该程序或重新启动计算机后可以删除。

(5) 通过将文件设置为只读来防止对其进行更改

将用户个人的重要或私人文件设置为只读可以保护文件不会被意外更改或未授权更改。将文件设置为只读后,将无法更改该文件,如图 2.26 所示。选择文件,单击“属性”→“常规”→“只读”复选框,然后单击“确定”。如果以后需要更改文件,可以通过清除“只读”复选框关闭只读设置。采用将文件设置为只读的相同方法,可以将文件夹设置为只读,同时会使当前位于该文件夹内的所有文件变为只读。

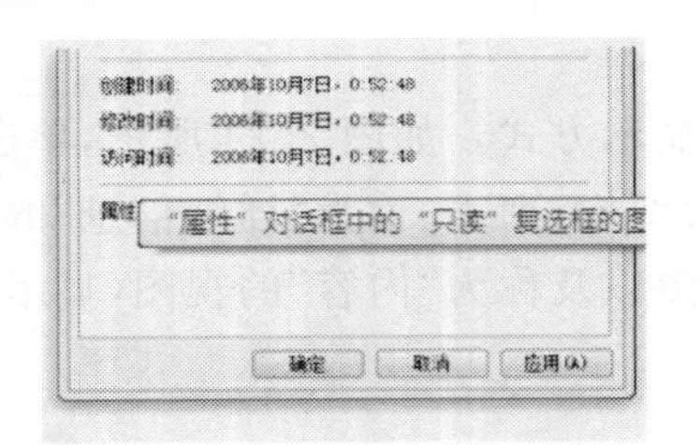

图 2.26 "属性"对话框中的"只读"复选框

2. 使用导航窗格

文件夹列表(也称为文件夹树)位于"计算机"下任何已打开文件夹的导航窗格(左窗格)中,如图 2.27 所示。使用导航窗格(左窗格)可以查找文件和文件夹,或将项目直接移动或复制到目标位置。在已打开窗口的左侧没有看到导航窗格,则单击"组织"→"布局"→"导航窗格",以将其显示出来。

在导航窗格中使用库,可以访问各种位置中的文件夹。创建新库,右键单击"库"然后选择"新建"。单击"重命名"则重命名库;单击"不在导航窗格中显示"则隐藏库;单击"在导航窗格中显示"则显示隐藏库。

单击"组织"→"文件夹和搜索选项",在"文件夹选项"对话框中,单击"常规"选项卡,选中"显示所有文件夹"复选框,则在导航窗格中显示计算机上的所有文件夹;选中"自动扩展到当前文件夹"复选框,则将导航窗格自动展开到在文件夹窗口中。

通过单击某个链接或在地址栏输入位置路径,可以导航到其他位置。可单击地址栏中的链接直接转至该位置,在地址栏中单击指向链接右侧的箭头,选择列表中的某项则转至该位置,导航窗格如图 2.27 所示,显示一系列位置的地址栏如图 2.28 所示。还可以通过输入新路径进行导航,例如 C:\Users\Public,然后按 Enter 键。还可以直接输入地址栏的常用位置列表:计算机、联系人、控制面板、文档、收藏夹、游戏、音乐、图片、回收站、视频。

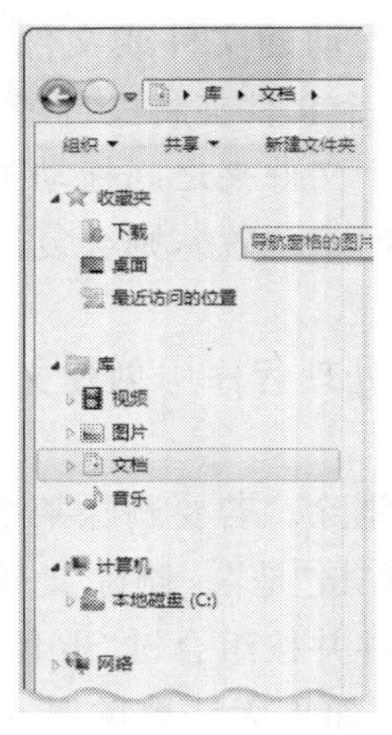

图 2.27 导航窗格

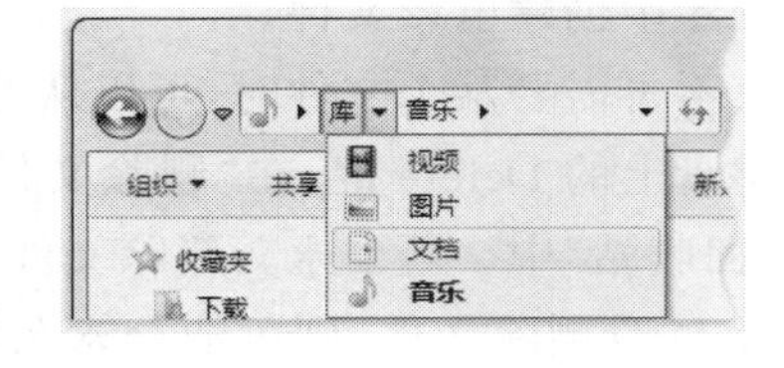

图 2.28 显示一系列位置的地址栏

3. 文件与文件夹的设置

文件属性提供有关文件的详细信息,是文件的标记。可以向文件中添加属性标记,以使其更容易查找。例如,用户个人在浏览文档库时,如果要首先查看最近更改的文件,则可以按属性"修改日期"排列文件。

(1) 更改文件常见属性

可以在细节窗格中添加或更改文件属性,如标记、作者姓名和分级。细节窗格位于文件夹窗口的底部，显示文件最常见的属性。单击(不要双击)文件，在窗口底部的细节窗格中，在要添加或更改的属性旁单击，输入新的属性(或更改该属性)，然后单击“保存”，如图 2.29所示。若要添加多个属性，请使用分号将每个项目分隔开。若要使用分级属性对文件进行分级，请单击要应用的代表分级的星星。

如果细节窗格中未提供要添加或更改的文件属性，则打开“属性”对话框以显示文件属性的完整列表。右键单击该文件→“属性”→“属性”对话框→“详细信息”选项卡，在“值”下，在要添加或更改的属性旁单击，输入字词或短语，然后单击“确定”，如图 2.30所示。

图 2.29 在细节窗格中添加标记

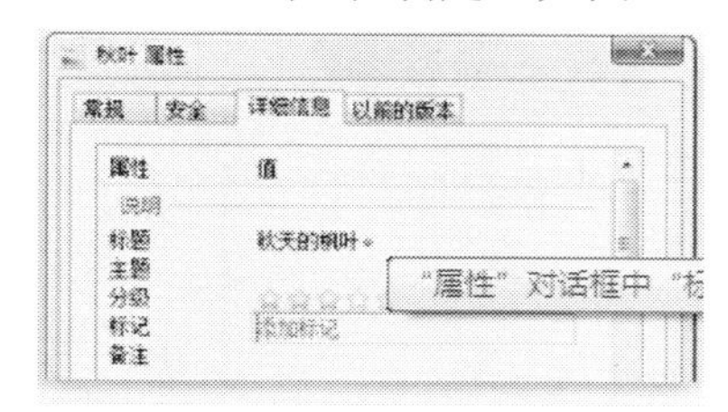

图 2.30 在“属性”对话框中向文件添加标记

还可以在创建和保存文件时添加或更改其属性，这样就无须以后查找文件并添加属性。在所使用程序的“文件”菜单中，单击“另存为”。在“另存为”对话框中，在相应框中输入标记和其他属性。

(2) 管理文件

更改打开某种类型的文件的程序，右键单击要更改的文件，然后根据文件类型，单击“打开方式”，或者指向“打开方式”，然后单击“选择默认程序”。如果要使用相同的软件程序打开该类型的所有文件，则选中“始终使用选择的程序打开这种文件”复选框。

重命名文件，方法一：打开该文件，然后用不同名称保存该文件。方法二：右键单击要重命名的文件，然后单击“重命名”。输入新的名称，然后按 Enter 键。方法三：一次重命名几个文件，选择这些文件，单击“重命名”，输入一个名称，然后每个文件都将用该新名称来保存，并在结尾处附带上不同的顺序编号(例如“重命名文件(2)”等)。

隐藏文件，通过更改文件属性使文件处于隐藏状态还是可见状态。右键单击某个文件图标→“属性”→“隐藏”复选框，单击“确定”。需要显示全部隐藏文件才能看到该隐藏状态文件。

(3) 更改文件夹选项

使用“控制面板”中的“文件夹选项”，可以更改文件和文件夹执行的方式以及项目在计算机上的显示方式。单击打开“文件夹选项”。在“文件夹选项”的“查看”选项卡上可以找到所需的设置，进行文件夹选项设置。

例如，显示隐藏文件和文件夹，单击打开“文件夹选项”→“视图”→“高级设置”，单击“显示隐藏的文件、文件夹和驱动器”，然后单击“确定”。

(4) 更改文件夹的图标

Windows 7 中可以更改文件夹图标的默认图像。右键单击要更改的文件夹，然后单击“属性”→“自定义”选项卡→“文件夹图标”→“更改图标”，则可以更改图标。单击“还原为默认值”，将文件夹图标改回到默认图像。

4. 文件的备份和恢复

(1) 备份文件

设置自动备份或者随时手动备份文件，确保不会丢失用户个人的文件。单击打开“备份和还原”，单击“设置备份”，然后按照向导中的步骤操作；或者可以通过单击“立即备份”手动创建新备份。在左窗格中，单击“新建完整备份”，可创建完整备份。

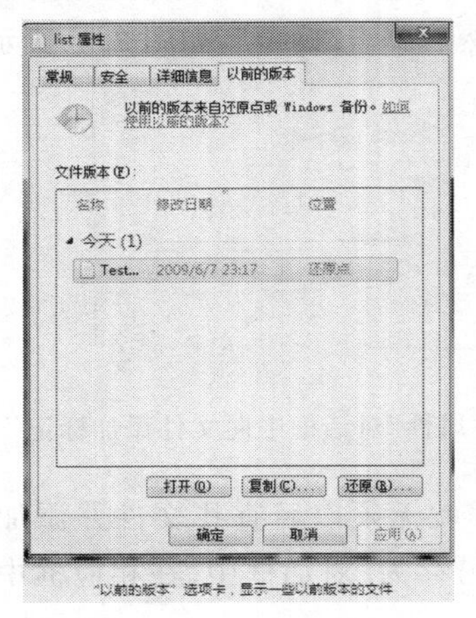

图 2.31 “以前的版本”选项卡

从备份还原文件，单击打开“备份和还原”→“还原我的文件”，按向导中的步骤操作。

(2) 恢复已丢失或已删除的文件

还原已删除文件或文件夹：导航到以前包含该文件或文件夹的文件夹，右键单击该文件夹，然后单击“还原以前的版本”。则会看到可用的以前版本的文件或文件夹的列表，如图 2.31 所示。该列表将包括在备份中保存的文件以及还原点。双击包含要还原的文件或文件夹的以前版本的文件夹。将要还原的文件或文件夹拖动到其他位置，如桌面或其他文件夹，该版本的文件或文件夹将保存到所选位置。

实验作业

(1) 通过搜索功能，查找系统中题目含有指定名称的文件，如含有“system”的文件。说明：截取搜索到的文件的视图。

(2) 打开资源管理器，在 C 盘下创建一个新文件夹，以自己的名字命名；用不同的方法从系统的不同位置向该文件夹复制 5 个文件；将这 5 个文件压缩为一个文件；将原来的 5 个文件删除；解压缩文件，重新得到 5 个文件。说明：截取压缩后文件夹的视图。

2.5 实验 5 Windows 7 软件和硬件管理

实验目的

学会在 Windows 7 操作系统下的软件与硬件管理操作。

实验准备

(1) 已经安装了 Windows 7 的计算机。

(2) 预备知识：

① 理解操作系统的硬件管理、软件管理功能和概念，熟悉操作系统基本硬件组成，使用操作系统提供的应用程序(软件)。

② 了解驱动程序的概念：驱动程序是一种允许计算机与硬件设备之间进行通信的软件。没有驱动程序，连接到计算机的设备(如鼠标或外部硬盘驱动器)无法正常工作。Windows 可以自动检查是否存在可用于连接到计算机的新设备的驱动程序。对于过去已连接到计算机的硬件，更新的驱动程序可能会在以后提供，但这些驱动程序不会自动安装，若要安装这些可选更新，则转至"控制面板"中的 Windows Update 检查更新，然后查看并安装可用于计算机的驱动程序更新。

实验内容

1. 使用程序

通过开始菜单可以访问计算机上的所有程序。如果未找到要打开的程序，则可在左侧窗格底部的搜索框中输入全部或部分名称。在"程序"下单击一个程序即可打开它，还可以通过打开文件打开程序，打开文件时将自动打开与该文件关联的程序。

(1) 使用程序中的命令

大多数程序包含几十个甚至几百个使程序运行的命令(操作)。许多这些命令都组织在"功能区"中，功能区就位于标题栏的下面。例如图 2.32"画图"程序中的"功能区"。

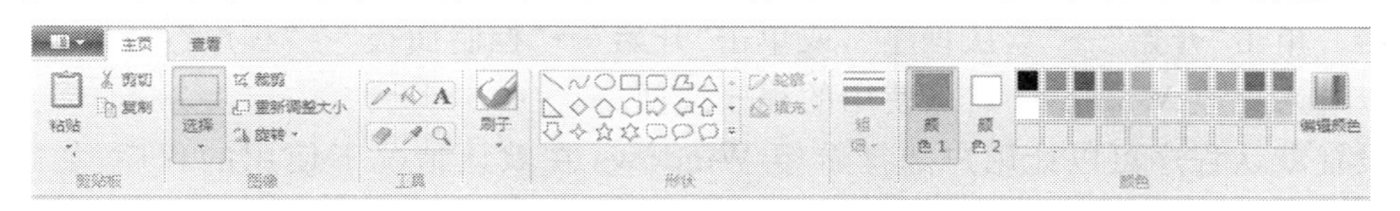

图 2.32　"画图"程序中的"功能区"

在有些程序中，命令可能位于"菜单"下。单击一个工具栏按钮即可执行一个命令。例如在"写字板"中单击"保存"按钮，保存文档。若要查明工具栏上的按钮各有什么作用，只需用鼠标指向它即可，将显示按钮的名称或功能。

(2) 在文件之间移动信息

大多数程序允许用户个人在它们之间共享文本和图像。复制信息时，信息将存储在一个称为"剪贴板"的临时存储区域，用户个人可以从该区域将其粘贴到文档中。

(3) 撤销上一次操作

大多数程序均允许用户个人撤销(反转)操作或误操作。例如，如果用户个人从"写字板”文档中意外删除了一个段落，则可以使用“撤销”找回它。撤销操作的步骤是，单击“编辑”菜单，然后单击“撤销”，或单击“撤销”按钮。

（4）获得程序帮助

几乎所有程序都带有自己的内置“帮助”系统，为用户个人解答有关程序工作方面的疑惑。单击“帮助”菜单，查看帮助，或按 F1 功能键访问程序的帮助系统。

2. 安装或卸载程序

安装程序完成后，将显示在开始菜单的“所有程序”列表中。有些程序还可能在桌面上添加快捷方式。

（1）从 CD 或 DVD 安装程序的步骤

将光盘插入计算机，然后按照屏幕上的说明操作，从 CD 或 DVD 安装的许多程序会自动启动程序的安装向导。在这种情况下，将显示“自动播放”对话框，然后可以进行选择运行该向导。如果程序不开始安装，可以浏览整张光盘，然后打开程序的安装文件（文件名通常为 Setup. exe 或 Install. exe）。

（2）从 Internet 安装程序的步骤

在用户个人的 Web 浏览器中，单击指向程序的链接。若要立即安装程序，则单击“打开”或“运行”，或单击“保存”将安装文件下载到用户个人的计算机上，然后按照屏幕上的指示进行操作。从 Internet 下载和安装程序时，应确保该程序的发布者以及提供该程序的网站是值得信任的。

（3）卸载或更改程序

使用“程序和功能”卸载程序，或通过添加和删除某些选项来更改程序配置。单击开始→控制面板，选择程序，然后单击“卸载”。除了卸载选项外，某些程序还包含更改或修复程序选项，但许多程序只提供卸载选项。若要更改程序，则单击“更改”或“修复”。

3. 更改 Windows 默认使用的程序

默认程序是打开某种特殊类型的文件（如音乐文件、图像或网页）时 Windows 所使用的程序。例如，如果在计算机上安装了多个 Web 浏览器，则可以选择其中之一作为默认浏览器。单击“开始”→“默认程序”，或单击“开始”→“控制面板”→“程序”→“默认程序”，都可以进入更改 Windows 默认使用的程序选项。

设置默认程序可以让用户选择希望 Windows 在默认情况下使用的程序，如图 2. 33 所示。如果列表中未显示某个程序，则可以通过“设置关联”使该程序成为默认程序。“默认程序”→“将文件类型或协议与程序关联”，单击程序在默认情况下要运行的文件类型或协议“更改程序”。如果没有看到“其他程序”或未列出用户个人的程序，则单击“浏览”查找要使用的程序，然后单击“打开”。“设置程序访问和计算机默认值”则可以用来为使用计算机的每个人设置浏览 Web 和发送电子邮件等活动的默认程序的工具。

使用“将文件类型与程序关联”选项可以根据文件类型或协议微调默认程序。例如，可以使用某个特定程序打开所有 .jpg 图像文件，并使用另一程序打开 .bmp 图像文件。使用更改“自动播放”设置，也可以更改要用来启动不同类型媒体（如包含照片的音乐 CD 或 DVD）的程序。

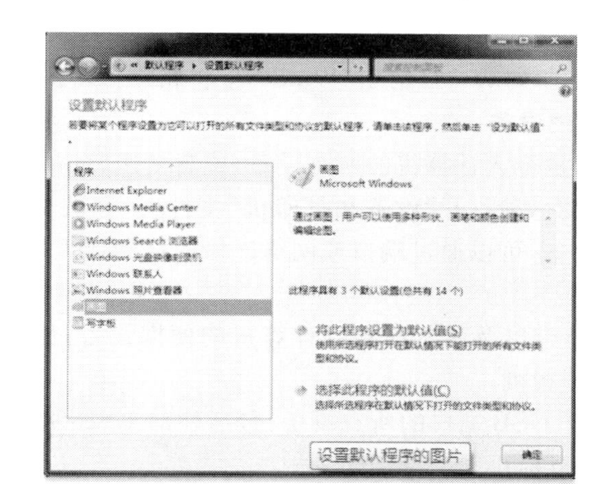

图 2.33 选择希望 Windows 在默认情况下使用的程序

4. 安装新硬件

通过将硬件或移动设备插入计算机便可安装大多数硬件或移动设备。Windows 将自动安装合适的驱动程序。如果驱动程序不可用,Windows 会提示用户个人插入可能随硬件设备附带的软件光盘。

(1) 安装/断开 USB 设备

第一次将某 USB 设备插入到 USB 端口,Windows 会自动安装该设备的驱动程序。如果 Windows 安装设备驱动程序成功,则会通知用户个人该设备可以使用。如果 USB 设备没有被 Windows 识别,则可以尝试联机查找设备驱动程序。

断开 USB 设备,在任务栏右侧的通知区域中单击"安全删除硬件"图标,选择要移除的设备。Windows 将显示一个通知,提示用户个人可以安全地移除该设备。

(2) 安装打印机

安装(添加)本地打印机,将打印机直接连接到计算机(这称为"本地打印机"),插入后,Windows 将自动检测并安装此打印机。如手动安装,则在开始菜单中选择设备和打印机→添加打印机→添加打印机向导→添加本地打印机→选择打印机端口→选择"使用现有端口"→单击"下一步",出现"安装打印机驱动程序"页,选择打印机制造商和型号,然后单击"下一步"。如果未列出打印机,则单击"Windows Update",然后等待 Windows 检查其他驱动程序。如果未提供驱动程序,但用户个人有安装 CD,则单击"从磁盘安装";如果无安装程序,则从网络下载对应型号驱动程序,然后浏览到打印机驱动程序所在的文件夹,完成向导中的其余步骤。

安装网络、无线或 Bluetooth 打印机(作为独立设备直接连接到网络),需要知道该打印机的名称或 IP 地址。在开始菜单中选择设备和打印机→添加打印机→添加打印机向导→添加网络、无线或 Bluetooth 打印机,在可用的打印机列表中,选择要使用的打印机,然后单击"下一步";如果没有查找到要安装的打印机,则手动填写打印机 IP 地址。然后单击"安装驱动程序",在计算机中安装打印机驱动程序。

删除打印机,单击打开"设备和打印机"。右键单击要删除的打印机"删除设备"。如果打印列队中有未完成的作业，用户个人将无法卸载打印机。删除这些作业，或者等待 Windows 完成打印。打印列队一旦清空，Windows 将删除打印机。

5. 安装、查看和管理设备

希望查看连接到用户个人计算机的所有设备，或者使用其中一个设备，或对未正常工作的设备进行故障排除时，请打开"设备和打印机"文件夹，如图 2.34 所示，文件夹中显示的设备通常是外部设备，可以通过端口或网络连接连接到计算机或从计算机断开连接。列出的设备包括：

- 用户个人随身携带以及偶尔连接到计算机的便携设备，如移动电话、便携式音乐播放器和数字照相机；
- 插入到计算机上 USB 端口的所有设备，包括外部 USB 硬盘驱动器、闪存驱动器、摄相机、键盘和鼠标；
- 连接到计算机的所有打印机，包括通过 USB 电缆、网络或无线连接的打印机；
- 连接到计算机的无线设备，包括 Bluetooth 设备和无线 USB 设备；
- 用户个人的计算机；
- 连接到计算机的兼容网络设备，如启用网络的扫描仪、媒体扩展器或网络连接存储设备(NAS 设备)。

图 2.34　通过"设备和打印机"文件夹快速查看连接到计算机的设备

"设备和打印机"文件夹允许用户个人执行多种任务，所执行的任务因设备而异。以下是用户个人可以执行的主要任务：

- 向计算机添加新的无线或网络设备或打印机；
- 查看连接到计算机的所有外部设备和打印机；
- 检查特定设备是否正常工作；
- 查看有关设备的信息，如种类、型号和制造商，包括有关移动电话或其他移动设备的同步功能的详细信息；
- 使用设备执行任务，例如，用户个人也许能够看到网络打印机正在打印的内容，查看存储在 USB 闪存驱动器上的文件，或打开设备制造商提供的程序，对于支持 Windows中的新 Device Stage 功能的移动设备，还可以从右键单击菜单打开

Windows中的设备特定的高级功能，如与移动电话同步或更改铃声的功能；

- 执行某些步骤以修复不正常工作的设备，右键单击带有黄色警告图标的设备或计算机，单击“疑难解答”，等待疑难解答尝试检测问题，然后按照下面的说明操作。

6. 安装或取出硬盘驱动器

安装新硬盘是最常见的升级任务之一。对于已用完存储空间的计算机，这是延长其使用寿命的简便方法。由于如今的硬盘比两三年前大很多，因此安装新的内部或外部硬盘后，就可以数倍地增加总体磁盘空间。

(1) 内部硬盘重新分区

Windows 7 支持对硬盘进行重新分区，以管理员身份登录，则可以使用“磁盘管理”中的“压缩”功能对内部硬盘进行重新分区。可以压缩现有的分区或卷来创建未分配的磁盘空间，从而可以创建新分区或卷(注意，术语“分区”和“卷”通常互换使用)。通常这种情况应用于新购置电脑预装了 Windows 7 操作系统，预装系统仅将硬盘分配一个系统分区(C盘)和一个非常小的系统恢复盘时。可采用重新分区的方式，设置更多的分区，方便使用。

单击打开“计算机管理”，在左窗格中的“存储”下面，单击“磁盘管理”，右键单击要压缩的卷(从内部硬盘已有的卷选择)，然后单击“压缩卷”选项，如图 2.35 所示。

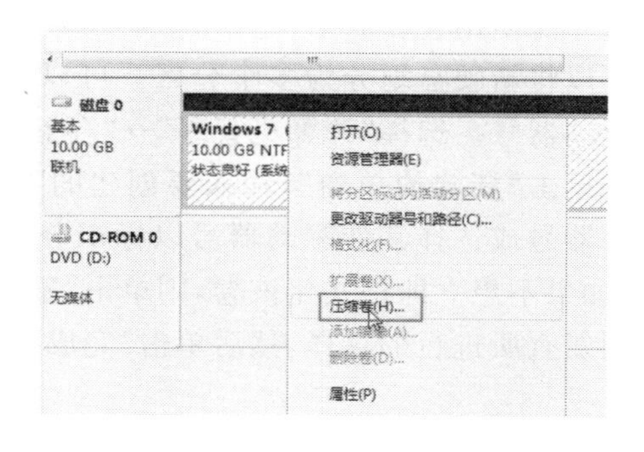

图 2.35　压缩卷

磁盘工具会自动检查所选择的分区可用于压缩的空间，所用的时间与计算机的硬件性能及磁盘空间有关。在完成检查后会显示“压缩”对话框，会显示当前分区的总大小、可用于压缩的空间以及输入要压缩的空间和压缩之后的总大小，如图 2.36 所示。

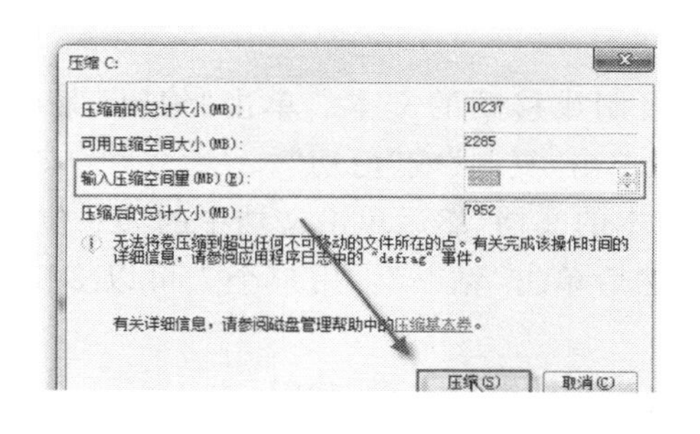

图 2.36　输入压缩空间量

默认情况下，磁盘管理工具会自动在“输入压缩空间量”输入框中填写可用于压缩的最大空间，可以自行更改。在确定要压缩的空间量后单击“压缩”按钮，磁盘管理工具便会对该分区进行压缩。

稍等片刻便可看到压缩之后的分区以及压缩分区所释放的未分配空间，其大小等于压缩时所设置的压缩空间量。

接下来用新出现的未分配空间创建新分区。在未分配空间上单击右键选择新建简单卷/跟随向导操作，依次输入卷大小(分区容量)、驱动器号、分区格式等参数后单击完成。勾选快速格式化可以加快格式化速度，提示创建新的分区成功。

(2) 外部硬盘安装与分区

安装外部硬盘，只需将硬盘插入计算机并连接电源线即可。其中的大多数外部硬盘都插入到 USB 端口中。如果已正确安装新硬盘，计算机应该重新识别它。打开计算机时，基本输入/输出系统 (BIOS)应自动检测新硬盘。

如果要将新硬盘用作辅助硬盘(不包含 Windows)，则在下次启动计算机并登录到 Windows 时，用户个人应能看到新的硬盘驱动器。Windows 启动后，单击开始按钮，单击“计算机”，然后查找新驱动器。分配给驱动器的驱动器号将取决于计算机的配置。如果看不到新的硬盘驱动器，则在“计算机管理”→“存储”→“磁盘管理”中查找新驱动器。可能必须先格式化硬盘，然后才能使用它。

一个新的外部硬盘，可以将新硬盘划分为多个分区。可以对硬盘上的每个分区进行格式化，并为其分配一个驱动器号。选择“计算机管理”→“存储”→“磁盘管理”，右键单击硬盘上未分配的区域，然后单击“新建简单卷”，输入要创建的卷的大小 (MB) 或接受最大默认大小，接受默认驱动器号或选择其他驱动器号以标识分区。在“格式化分区”对话框中，执行下列操作之一：如果不想立即格式化该卷，则单击“不要格式化这个卷”；若要使用默认设置格式化该卷，则复查所进行的选择，然后单击“完成”。

实验作业

(1) 使用文档程序(记事本或 Office 中的 Word)将文本从一个文档复制或移动到另一个文档。

说明：

① 在文档中，选择要复制或移动的文本。单击“编辑”菜单，然后单击“复制”或“剪切”，或在“主页”选项卡上，单击“复制”或“剪切”。

② 切换到想要显示文本的文档，然后单击文档中的某一位置。

③ 单击“编辑”菜单，然后单击“粘贴”。用户个人可以多次粘贴文本，或在“主页”选项卡上，单击“粘贴”。

操作完成后，将两个文档并排窗口查看，截图。

(2) 将图片从网页复制到文档。

说明：

① 使用 IE、搜狗、遨游等浏览器打开一个网页，如北京邮电大学主页(www. bupt.

edu.cn)中的学校简介。在网页上右键单击要复制的图片,然后单击“复制”。

② 切换到想要显示图片的文档,然后单击文档中的某一位置。

③ 单击“编辑”菜单,然后单击“粘贴”。用户个人可以多次粘贴图片。注意:不能将图片粘贴到“记事本”中,应使用“写字板”或其他字处理程序。

将操作结果截图。

(3) 找到“火狐浏览器”的安装文件,执行文件,安装火狐浏览器。

说明:截取安装浏览器后的“添加或删除程序”的界面。

(4) 卸载火狐浏览器软件。

说明:截取卸载浏览器后的“添加或删除程序”的界面。

(5) 分析某磁盘碎片状况,并对磁盘进行碎片整理。

说明:截取磁盘碎片的分析报告以及对磁盘进行碎片整理的视图。

第3章 计算机网络与应用

3.1 实验1 计算机的网络配置

实验目的

掌握计算机的网络配置方法，查看网络配置、网络连通性的方法。

实验准备

一台安装了 Windows 7 操作系统并能连接到 Internet 上的计算机。识别计算机的网络设备，包括网卡、无线网卡等。

实验内容

1. 观察计算机网络设备

(1) 在不启动计算机的情况下，观察计算机网络设备外观及其接口方式，包括网卡、双绞线、无线网卡等。

(2) 启动计算机后，观察在联网和不联网情况下，网络设备指示状态的变化。

2. 观察计算机网络配置情况

(1) 在 Windows 7 操作系统环境下，单击“开始”，执行“控制面板”功能，进入“调整计算机的设置”对话框，单击“网络和 Internet”中的“查看网络状态和任务”，进入“网络和共享中心”对话框，如图 3.1 所示。

(2) 单击图 3.1 中“本地连接”，单击“本地连接”以进入“本地连接状态”对话框，查看本机当前连接状态，如图 3.2 所示。

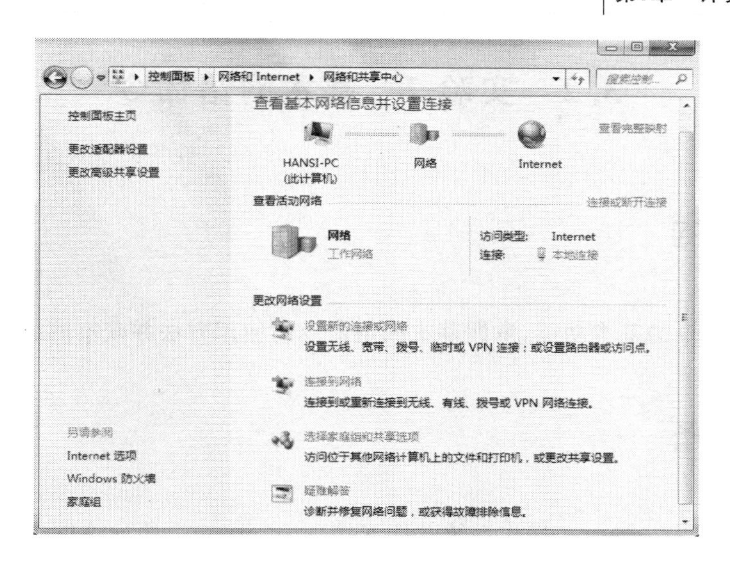

图 3.1　网络和共享中心

(3) 单击图 3.2 中的“属性”按钮，在“此连接使用下列项目”列表中选择“Internet 协议版本 4(TCP/IPv4)”即可进入 IP 地址设置对话框，如图 3.3 所示。

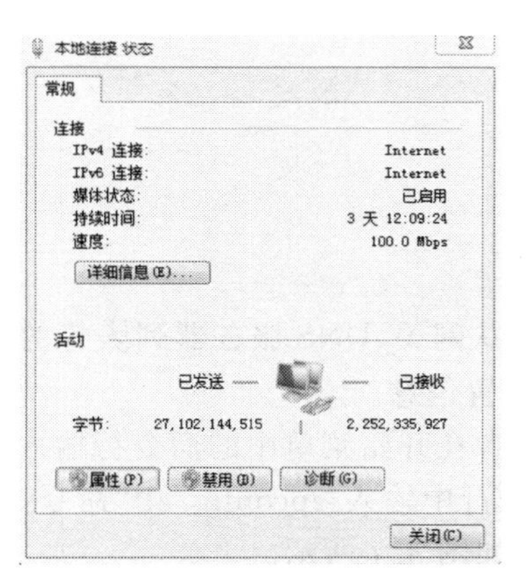

图 3.2　“本地连接状态”对话框

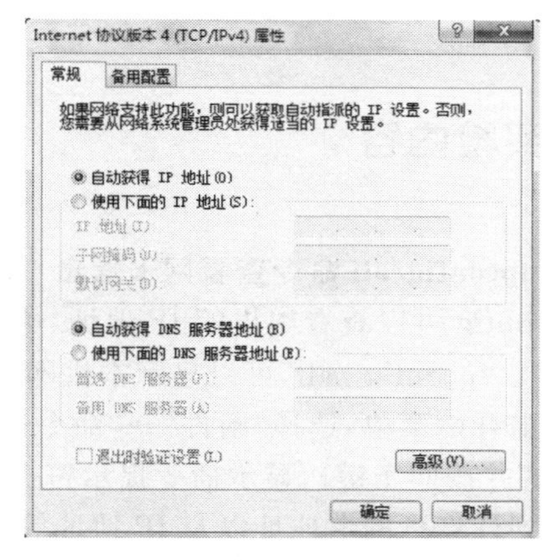

图 3.3　IPv4 属性

实验作业

登录一台安装了 Windows 7 的计算机，查看并记录以下网络的配置信息：IPv4 地址、DNS 服务器、默认网关等信息。

3.2 实验 2 基本网络命令

实验目的

了解网络命令的基本功能,掌握基本网络命令的使用方法并观察网络当前状态。

实验准备

一台安装了 Windows 7 操作系统并能连接到 Internet 上的计算机。

熟悉下列命令的基本功能:使用 ipconfig 命令查看本机的 IP 地址、子网掩码、默认网关、DNS 服务器列表等的配置情况;使用 ping 命令来诊断网络问题;使用 tracert 命令显示数据包到达目标主机所经过的全部路径;使用 netstat 命令显示有关统计信息和当前 TCP/IP 网络的连接情况;使用 arp 命令查看和管理本地的 ARP 缓存的内容。

实验内容

1. ipconfig/all 命令查看网卡信息

ipconfig 可以查看本机的 IP 地址、子网掩码、默认网关、DNS 服务器列表等的配置情况。使用“ipconfig /all”可以显示本机网络当前的配置信息。

单击开始菜单,选择“附件”→“命令提示符”(或者在开始菜单中的命令行输入框中输入“cmd”并按回车键),显示命令提示符窗口,在命令行中输入“ipconfig/all”命令,按回车键后看到计算机网卡地址以及 IP 地址等相关信息,如图 3.4 所示。

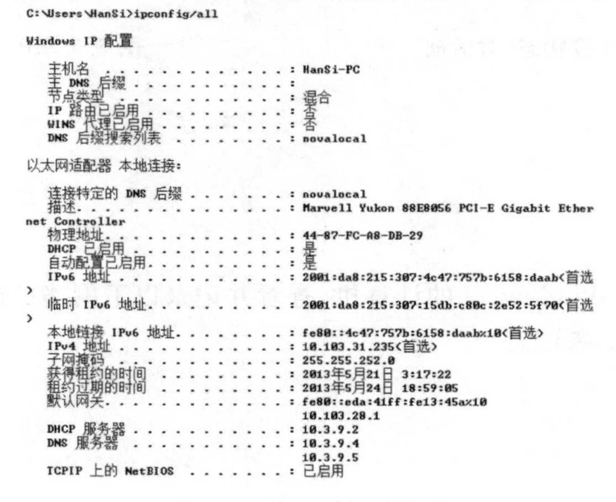

图 3.4 主机的网络参数

上述示例列出了目前计算机的IPv4地址为10.103.31.235，子网掩码为255.255.252.0，默认网关为10.103.28.1。

2. ping命令进行网络连通性测试

ping命令是一种常见的网络连通性测试命令，它基于ICMP协议、向远程计算机发送特定的数据包并等待回应和接收返回的数据包，对每个接收的数据包均根据传输的消息进行验证以校验与远程计算机或本地计算机的连接情况。

单击开始菜单，选择“附件”→“命令提示符”(或者在开始菜单中的命令行输入框中输入“cmd”并按回车键)，显示命令提示符窗口，在命令行中输入“ping IP”命令(IP为远程计算机的IP地址)，按回车键后看到本计算机与要测试的计算机之间的连通情况。

(1) 测试本机TCP/IP协议安装配置

在命令行中输入“ping 127.0.0.1”，测试结果如图3.5所示。

```
C:\Users\HanSi>ping 127.0.0.1

正在 Ping 127.0.0.1 具有 32 字节的数据:
来自 127.0.0.1 的回复: 字节=32 时间<1ms TTL=128
来自 127.0.0.1 的回复: 字节=32 时间<1ms TTL=128
来自 127.0.0.1 的回复: 字节=32 时间<1ms TTL=128
来自 127.0.0.1 的回复: 字节=32 时间<1ms TTL=128

127.0.0.1 的 Ping 统计信息:
    数据包: 已发送 = 4, 已接收 = 4, 丢失 = 0 (0% 丢失),
往返行程的估计时间(以毫秒为单位):
    最短 = 0ms, 最长 = 0ms, 平均 = 0ms
```

图3.5　ping 127.0.0.1测试结果

图3.5中，127.0.0.1是本地回绕地址。由“来自127.0.0.1的回复：字节＝32 时间＜1 ms TTL＝128 数据报：已发送＝4 已接受＝4 丢失＝0”信息，显示本机TCP/IP协议运行正常。

(2) 检测远程主机的连通性

检测新浪网站服务器，输入命令“ping sina.com.cn”，运行结果如图3.6所示。

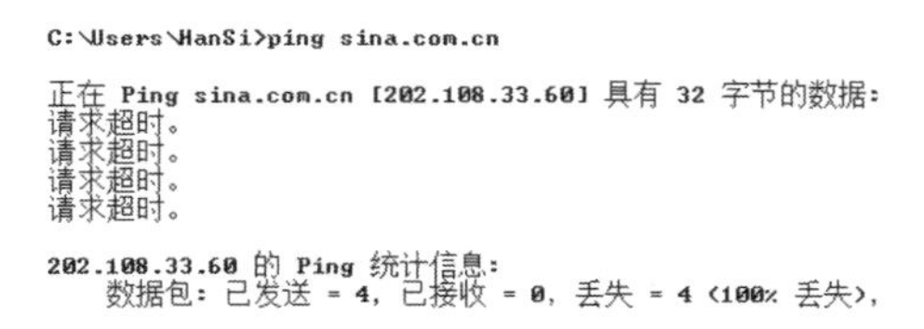

图3.6　ping sina.com.cn测试结果

图3.6显示结果“数据包：已发送＝4 已接收＝0，丢失＝4”，说明信息不能达到对方，这可能由以下3种原因引起：

① 网络连接的某个环节发生了故障，数据包丢失、不能到达对方；

② 目的主机把相关端口屏蔽；

③ 网络管理员把交换机或路由器的对外端口关闭，不能连接到外网。

3. tracert命令

tracert命令基于ICMP响应请求并答复消息(和ping命令类似)，显示数据包经过的中继节点清单和到达时间，并产生关于经过的每个路由器及每个跃点的往返时间(RTT)。使用该命令可以判断数据包到达目的主机所经过的路径。

示例显示本机与百度服务器(http://www.baidu.com,IP 地址为 119.75.217.56)之间的传输路径信息,单击开始菜单,选择“附件”→“命令提示符”,在命令提示符窗口中通过命令行输入“tracert 119.75.217.56”命令,按回车键后显示结果如图 3.7 所示。

图 3.7 中执行结果显示返回数据包到达目的主机前所经历的中继站清单,并显示到达每个中继站的时间。tracert 命令功能同 ping 命令类似,但它所显示的信息要比 ping 命令详细,内容包括请求包所走的路由、经过的计算机 IP 地址及其时延。

```
C:\Users\HanSi>tracert 119.75.217.56

通过最多 30 个跃点跟踪到 119.75.217.56 的路由

  1     *        *        *     请求超时。
  2     1 ms    <1 毫秒   <1 毫秒 10.1.1.1
  3    <1 毫秒  <1 毫秒   <1 毫秒 10.0.11.1
  4    <1 毫秒  <1 毫秒   <1 毫秒 10.0.1.1
  5     1 ms    <1 毫秒    1 ms  172.16.2.1
  6     *        2 ms     2 ms  172.16.1.1
  7     1 ms     1 ms     2 ms  61.148.28.157
  8     4 ms     *        2 ms  61.148.28.185
  9     5 ms     2 ms     3 ms  124.65.56.101
 10     6 ms     3 ms     5 ms  123.126.0.41
 11     1 ms     1 ms     1 ms  219.158.101.106
 12     *        *        2 ms  219.158.34.226
 13    12 ms    12 ms    12 ms  202.97.57.129
 14     *        *        *     请求超时。
 15    21 ms    20 ms    20 ms  220.181.17.118
 16     *        *        *     请求超时。
 17     *        *        *     请求超时。
 18     3 ms     2 ms     2 ms  119.75.217.56

跟踪完成。
```

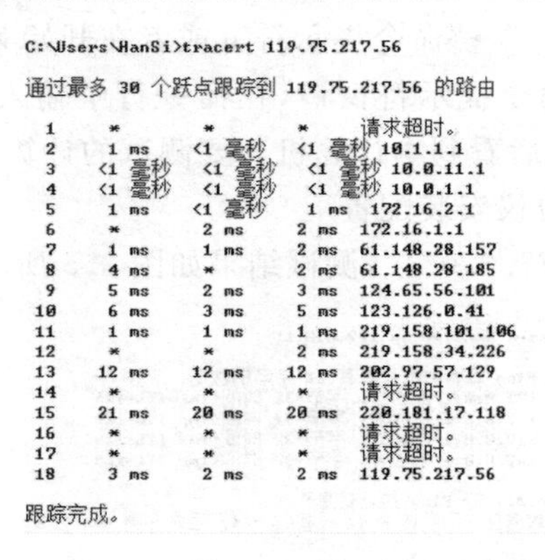

图 3.7　tracert 测试结果

4. netstat 命令

netstat 命令可以显示当前活动的网络连接的详细信息,例如,可以显示以太网的统计信息、所有协议的使用状态(这些协议包括 TCP 协议、UDP 协议以及 IP 协议等)、路由表和网络接口信息等,使用该命令可以发现当前正在运行的网络连接。该命令选项功能如下。

①“-e”选项可以显示以太网的统计信息(包括发送和接收的总字节数、单播包数、非单播包数等),该参数一般与 s 参数联合使用。

②“-s”选项可以显示每个协议(可以是 IP、ICMP、TCP 和 UDP4 种协议)的统计情况。

③“-r”选项可以显示本机路由表信息。每条路由表条目都包括目标网络号、子网掩码、网关、接口、评判标准等字段。路由表条目的作用是:当主机接收到一个数据包时,它将取出该数据包中的目的 IP 地址,并利用子网掩码获得该 IP 地址的网络地址,如果获得的网络地址等于条目中的网络地址,那么说明这个数据包将经过条目指定的接口发送到条目指定的网关上去。

④“-a”选项可以显示本机所有活动连接,显示每个连接的传输层协议是 TCP 协议还是 UDP 协议:如果是 TCP 协议,那么将显示出本地端口号、远端端口号和连接所处的状态(状态值包括等待状态、侦听状态、连接已建立等);如果是 UDP 协议,那么只有本地端口号显示出来。

单击开始菜单,选择“附件”→“命令提示符”,在命令提示符窗口中通过命令行输入“netstat/a”命令,查看当前网络的连接状况,如图 3.8 所示。

图 3.8 执行结果可以清楚地显示出本机当前开放的所有端口(TCP 端口和 UDP 端

口)。可以使用此参数来查看计算机的系统服务是否正常,如是否被“黑客”留下后门、木马等。

5. ARP 命令

ARP 即地址解析协议,它是一个重要的 TCP/IP 协议,用于确定对应 IP 地址的物理地址。使用 ARP 命令可以查看本地计算机或另一台计算机的 ARP 高速缓存中的当前内容。按照默认设置,ARP 高速缓存中的项目是动态的,每当发送一个指定地址的数据包且高速缓存中不存在该项目时,ARP 便会自动添加该项目。一旦高速缓存的项目被输入,它们就已经开始走向失效状态。所以,如果需要通过 ARP 命令查看某台计算机高速缓存中的内容时,先 ping 此台计算机。

如果要向 ARP 缓存表中添加一条静态的影射关系,需要使用“-s”选项。当某个静态的映射关系不再有用时,可以用“-d”选项将其删除。

如果想查看本机的 ARP 高速缓存内容,单击开始菜单,选择“附件”→“命令提示符”,在命令提示符窗口中通过命令行输入“arp -a”命令,按回车键后显示结果如图 3.9 所示。

```
C:\Users\HanSi>netstat/a

活动连接

  协议  本地地址               外部地址               状态
  TCP   0.0.0.0:21             HanSi-PC:0             LISTENING
  TCP   0.0.0.0:135            HanSi-PC:0             LISTENING
  TCP   0.0.0.0:445            HanSi-PC:0             LISTENING
  TCP   0.0.0.0:2425           HanSi-PC:0             LISTENING
  TCP   0.0.0.0:5357           HanSi-PC:0             LISTENING
  TCP   0.0.0.0:6000           HanSi-PC:0             LISTENING
  TCP   0.0.0.0:10317          HanSi-PC:0             LISTENING
  TCP   0.0.0.0:18600          HanSi-PC:0             LISTENING
  TCP   0.0.0.0:49152          HanSi-PC:0             LISTENING
  TCP   0.0.0.0:49153          HanSi-PC:0             LISTENING
  TCP   0.0.0.0:49154          HanSi-PC:0             LISTENING
  TCP   0.0.0.0:49156          HanSi-PC:0             LISTENING
  TCP   0.0.0.0:49159          HanSi-PC:0             LISTENING
  TCP   10.103.31.235:139      HanSi-PC:0             LISTENING
  TCP   10.103.31.235:53065    123.125.113.53:8004    ESTABLISHED
  TCP   10.103.31.235:56411    42.247.5.18:8080       ESTABLISHED
  TCP   10.103.31.235:60492    tf-in-f125:5222        ESTABLISHED
  TCP   10.103.31.235:64079    180.149.134.54:http    ESTABLISHED
  TCP   10.103.31.235:65315    119.75.215.48:http     FIN_WAIT_1
  TCP   10.103.31.235:65377    110.75.69.12:http      CLOSE_WAIT
  TCP   10.103.31.235:65378    110.75.69.4:https      CLOSE_WAIT
  TCP   10.103.31.235:65379    110.75.69.4:https      CLOSE_WAIT
  TCP   10.103.31.235:65380    58.205.221.241:https   CLOSE_WAIT
  TCP   10.103.31.235:65381    58.205.221.241:https   CLOSE_WAIT
  TCP   10.103.31.235:65382    58.205.221.241:https   CLOSE_WAIT
```

图 3.8　netstat 测试结果

```
C:\Users\HanSi>arp -a

接口: 10.103.31.235 --- 0xa
  Internet 地址         物理地址              类型
  10.103.28.1           0c-da-41-13-04-5a     动态
  10.103.28.52          00-25-90-34-2f-52     动态
  10.103.28.54          00-25-90-3e-01-b2     动态
  10.103.28.55          00-25-90-3e-01-bd     动态
  10.103.28.67          00-25-90-3e-01-c4     动态
  10.103.28.94          00-26-22-c3-47-c5     动态
  10.103.28.207         44-37-e6-89-1e-45     动态
  10.103.28.210         44-87-fc-79-70-01     动态
  10.103.28.218         00-25-90-3e-01-5a     动态
  10.103.28.220         00-25-11-8f-6f-b3     动态
  10.103.28.241         44-87-fc-77-ec-13     动态
  10.103.28.254         00-25-90-3e-00-a5     动态
  10.103.28.255         00-25-90-3e-01-61     动态
  10.103.29.43          1c-c1-de-19-b4-62     动态
  10.103.29.50          00-14-22-b1-39-2c     动态
  10.103.29.52          00-25-90-3e-01-4c     动态
  10.103.29.84          c4-85-08-68-38-96     动态
  10.103.29.113         00-25-90-3e-01-c0     动态
  10.103.29.197         00-25-11-8e-48-28     动态
  10.103.29.210         44-87-fc-42-34-7c     动态
  10.103.29.217         00-25-90-3e-01-6d     动态
  10.103.29.231         00-1e-90-95-ca-de     动态
  10.103.29.252         00-25-90-3e-02-22     动态
  10.103.30.48          00-25-90-3e-00-a9     动态
```

图 3.9　ARP 测试结果

实验作业

(1) 使用 ipconfig/all 命令查看主机的网络参数,查询本机的 IPv4 地址、子网掩码和默认网关。

(2) ping sina.com.cn(新浪),查看本机与新浪网的连接状态。

(3) 根据 ping 指令返回的新浪网 IP,使用 tracert 查看详细的连接信息。

(4) 使用 netstat 指令查看选项显示每个协议的统计情况。

(5) 使用 ARP 指令查看本机的 ARP 高速缓存内容。

3.3 实验3 计算机网络协议分析

实验目的

了解并会初步使用 Wireshark 工具,能在所用计算机上查看一个数据包的内容,并分析对应的 IP 数据包格式。

实验准备

一台安装了 Windows 操作系统并能连接到 Internet 上的计算机。

Wireshark 是一种网络分析工具,可以捕捉网络中的数据,并提供关于网络和上层协议的各种信息。

实验内容

1. 安装 Wireshark

双击 Wireshark-win32-1.8.7.exe,进入安装向导。单击"Next"进入路径配置界面,如图 3.10 所示,在界面中选择 Wireshark 的安装路径。

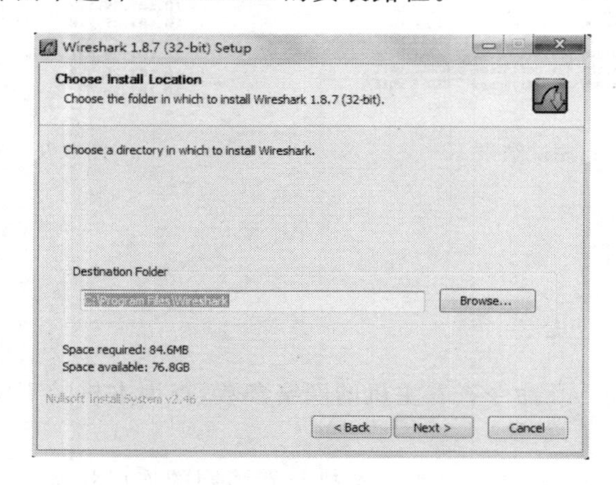

图 3.10　Wiresshark 安装目录

在图 3.10 中单击"Next",进入 WinPcap 安装选择界面,如图 3.11 所示,将"Install WinPcap"选中,单击"Install"按钮,在以后的向导界面中,直接单击"Next"按钮直至安装成功。

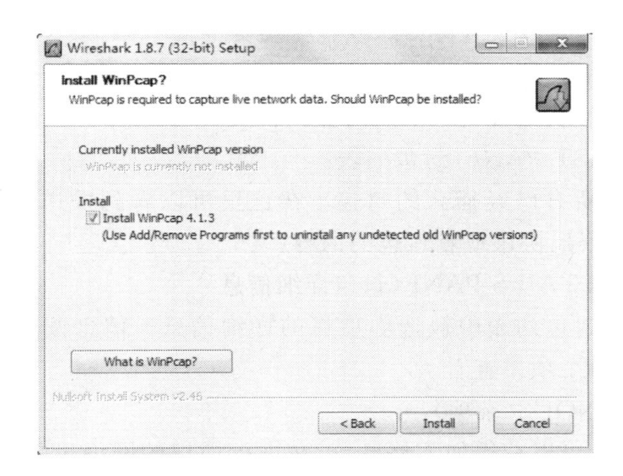

图 3.11 Install WinPcap 安装选择

2. 使用 Wireshark 工具抓取协议包

打开 Wireshark，选择“Capture”→“Interfaces”，选择自己的网卡，设置完成后，单击“Start”按钮开始监控流量，抓包结果如图 3.12 所示。

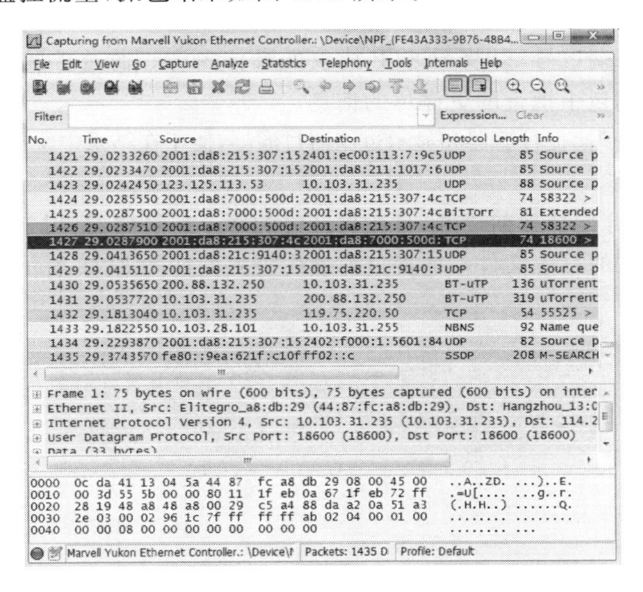

图 3.12 抓包结果

Wireshark 整个窗口被分成 3 个部分：最上面为数据包列表，用来显示截获的每个数据包的总结性信息；中间为协议树，用来显示选定的数据包所属的协议信息；最下边是以十六进制形式表示的数据包内容，用来显示数据包在物理层上传输时的最终形式。Wireshark的主要功能结构如下。

(1) MENUS(菜单)

菜单用于系统配置，可以打开或保存捕获的信息、查找或标记封包、进行全局设置、设置 Wireshark 的视图、跳转到捕获的数据、设置捕捉过滤器并开始捕捉、设置分析选项、查看 Wireshark 的统计信息以及查看本地或者在线支持。

(2) DISPLAY FILTER(显示过滤器)

显示过滤器用于查找捕捉记录中的内容。

(3) PACKET LIST PANE(封包列表)

封包列表中显示所有已经捕获的封包。在这里可以看到发送或接收方的 MAC/IP 地址、TCP/UDP 端口号、协议或者封包的内容。

(4) PACKET DETAILS PANE(封包详细信息)

这里显示的是在封包列表中被选中项目的详细信息。信息按照不同的 OSI 层次进行了分组,可以展开每个项目查看。

(5) MISCELLANOUS(杂项)

在程序的最下端,可以获得如下信息:正在进行捕捉的网络设备、捕捉是否已经开始或已经停止、捕捉结果的保存位置、已捕捉的数据量、已捕捉封包的数量(P)、显示的封包数量(D)(经过显示过滤器过滤后仍然显示的封包)、被标记的封包数量(M)。

3. Wireshark 过滤器

使用 Wireshark 可以很方便地对截获的数据包进行分析,包括该数据包的源地址、目的地址、所属协议等。通过协议树可以得到被截获的数据包的更多信息,如主机的 MAC 地址、IP 地址、TCP 端口号,以及 HTTP 协议的具体内容。通过扩展协议树中的相应节点,可以得到该数据包中携带的更详尽的信息。

Wireshark 提供了捕捉过滤器和显示过滤器过滤器,便于在结果中快速找到所需信息。

(1) 捕捉过滤器

捕捉过滤器在开始捕捉前设置,是数据经过的第一层过滤器,用于控制捕捉数据的数量,以避免产生过大的日志文件。捕捉过滤器配置界面如图 3.13 所示。

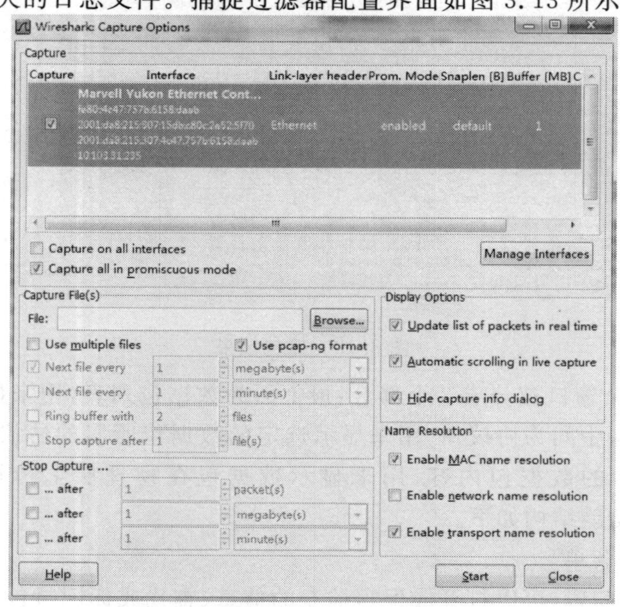

图 3.13　过滤器设置

设置捕捉过滤器的步骤是：选择“capture”→“options”，填写“capture filter”栏或者单击“capture filter”按钮为过滤器起名并保存，以便在今后的捕捉中继续使用这个过滤器。单击“Start”按钮进行捕捉。

“capture filter”的设置语法为：Protocol Direction Host(s) Value Logical-Operations Other-Expression_r。其中，Protocol（协议）可能的值为：ether，fddi，ip，arp，rarp，decnet，lat，sca，moprc，mopdl，tcp and udp（默认为所有支持的协议）。Direction（方向）可能的值为：src，dst，src and dst，src or dst（默认为“src or dst”作为关键字）。Host(s)（主机）可能的值为：net，port，host，portrange（默认为“host”关键字）。Logical Operations（逻辑运算）可能的值为：not，and，or，not（否）具有最高的优先级，or（或）和 and（与）具有相同的优先级，运算时从左至右进行。Other-Expression_r（其他表达式）表示可以结合其他表达式。

例如，“tcpdst port 3128”表示显示目的 TCP 端口为 3128 的封包，如图 3.14 所示。再例如，“ipsrc host 10.1.1.1”表示显示来源 IP 地址为 10.1.1.1 的封包。

如果过滤器的语法是正确的，表达式的背景呈绿色，如果呈红色，说明表达式有误。

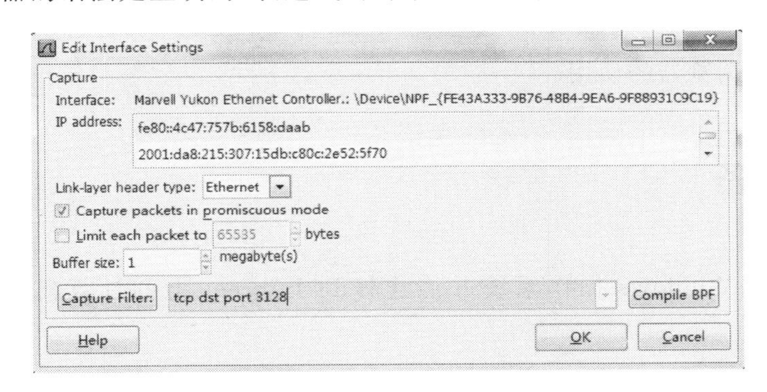

图 3.14　设置捕捉过滤器

（2）显示过滤器

在捕捉结果中进行详细查找，允许在日志文件中迅速准确地找到所需要的记录。显示过滤器的语法结构为：Protocol String1String2 Comparison-Operators Value。其中，Protocol（协议）可以使用位于 OSI 模型第 2～7 层的协议，例如，IP、TCP、DNS、SSH 等；String1 和 String2 是可选项，是协议的子类，单击相关父类旁的“＋”号后选择其子类；Comparison-Operators（比较运算符）可以有“＝＝、！＝、＜、＞、＞＝、＜＝”等。

例如，tcp.dstport 80 表示只有当目的 TCP 端口为 80 时，这样的封包才会被显示，如图 3.15 所示。

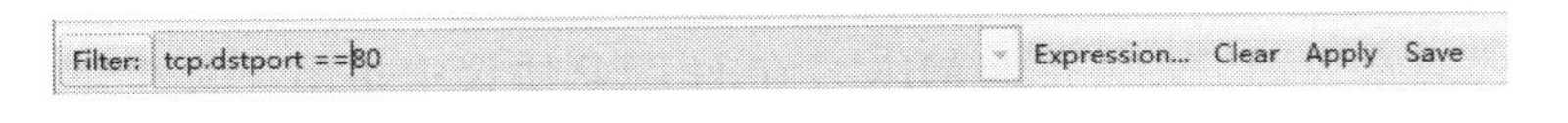

图 3.15　设置显示过滤器

实验作业

（1）安装 Wireshark，简单描述安装步骤。

（2）打开 Wireshark，选择接口选项列表。或单击“Capture”，配置“option”选项，设置捕捉过滤器只显示 IP 协议包。在显示结果中设置显示过滤器，只显示 Source 为本机 IP 的包。

3.4 实验 4 Internet 浏览工具

实验目的

掌握万维网浏览器的使用。

实验准备

一台安装了 Windows 操作系统并能连接到 Internet 上的计算机，了解互联网的使用。

实验内容

1. WWW 服务

万维网（World Wide Web，WWW）是当前 Internet 上最为流行的信息检索服务系统，是基于 Internet 的查询、信息分布和管理系统。Web 由数量巨大且遍布全球的文档组成，这些文档称为 Web 网页。Web 网页存放在 Web 服务器上，用户通过浏览器查阅网页内容。

（1）网页浏览

网页浏览器主要通过 HTTP 协议与网页服务器交互并获取网页，这些网页由 URL 指定，文件格式通常为 HTML，并由 MIME 在 HTTP 协议中指明。大部分的浏览器本身支持除了 HTML 之外的广泛的格式，例如 JPEG、PNG、GIF 等图像格式，并且能够扩展支持众多的插件（plug-ins）。另外，许多浏览器还支持其他的 URL 类型及其相应的协议，如 FTP、Gopher、HTTPS（HTTP 协议的加密版本）。HTTP 内容类型和 URL 协议规范允许网页设计者在网页中嵌入图像、动画、视频、声音、流媒体等。目前常用的浏览器有 IE、搜狗、FireFox、360 浏览器等。下面通过 IE 为例介绍通过浏览器访问 WWW 服务的方法。

在 IE 窗口的地址栏中输入：http://www.163.com，按回车键，如果网络和服务器都处于正常状态，在一段时间后，请求的内容就会在浏览器窗口中显示出来，如图 3.16 所示。

图 3.16 IE 地址栏

(2) Internet 收藏夹的使用

对于经常需要访问的网络资源，可以在进入页面后，单击浏览器右上方的☆按钮，选中“添加到收藏夹”按钮可以将该地址保存在收藏夹中，下次需要访问的时候，单击收藏夹的链接，就可以迅速访问该网络资源，如图 3.17 所示。

图 3.17 收藏夹

(3) 查看网页

在“查看”菜单中，可以设置网页的字体、解析网页采用的编码，还可以查看网页的源码文件，此外还可以设置浏览器窗口显示内容和全屏浏览。

(4) Web 浏览器默认 Web 主页 URL 地址的检查与设置

单击“工具”→“Internet”选项，可以进入“Internet 选项”对话框，如图 3.18 所示。

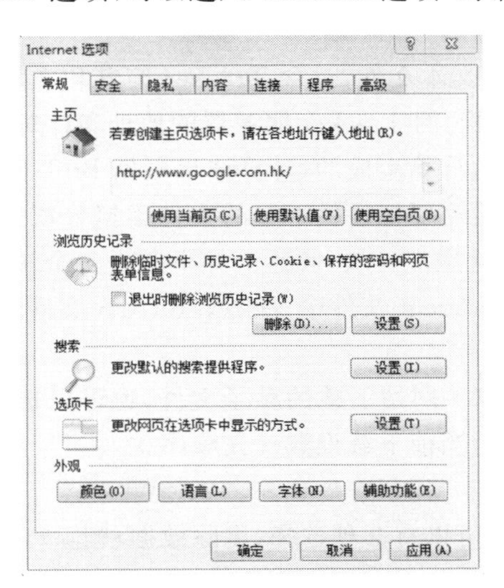

图 3.18 主页设置

2. BT 下载

BT 全名为 BitTorrent，BT 下载是目前互联网最热门的应用之一。BT 下载通过一个 P2P 下载软件(点对点下载软件)来实现,具有下载的人越多,文件下载速度就越快的特点。

BitTorrent 协议本身也包含了很多具体的内容协议和扩展协议,并在不断扩充中。根据 BitTorrent 协议,文件发布者发布的文件生成提供一个. torrent 文件,即种子文件,简称为“种子”。推荐使用的 BT 软件有 μtorrent、Bitcomet、迅雷等,这些软件时常更新以提供更好的 BT 协议支持和扩展功能。下面以 μtorrent 为例,介绍 BT 下载工具的使用,其界面如图 3.19 所示。

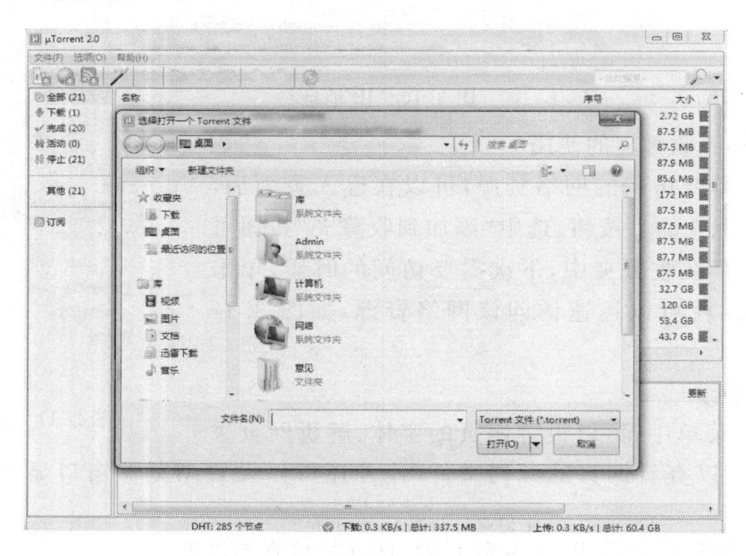

图 3.19　μtorrent 使用界面

(1) 种子文件

Torrent 文件本质上是文本文件,包含 Tracker 信息和文件信息两部分。Tracker 信息主要是 BT 下载中需要用到的 Tracker 服务器的地址和针对 Tracker 服务器的设置,文件信息是根据对目标文件的计算生成的,计算结果根据 BitTorrent 协议内的 B 编码规则进行编码。它的主要原理是需要把提供下载的文件虚拟分成大小相等的块,块大小必须为 2 KB 的整数次方(由于是虚拟分块,硬盘上并不产生各个块文件),并把每个块的索引信息和 Hash 验证码写入. torrent 文件中;所以,. torrent 文件就是被下载文件的“索引”。

(2) 种子下载

使用 μtorrent 打开在 BT 网站下载的种子文件,也可以选择下载部分文件。右键单击文件,选择优先级,可以为当前下载设置优先顺序。

(3) 资源删除

删除资源时选中种子,可以有 3 种选择(删除数据/删除种子/删除种子和数据)。

3. 信息检索服务

搜索引擎就是用来在网络上快速定位资源的工具,目前已经逐步成为用户访问网络的入口,起着越来越重要的作用。最常用的全文搜索引擎是 Google 和 Baidu,下面以万方学术搜索引擎为例,介绍搜索引擎的使用方法。

进入北京邮电大学图书馆(http://lib.bupt.edu.cn)主页面,在中文检索库中选择万方即可进入万方论文搜索引擎的首页,如图3.20所示。

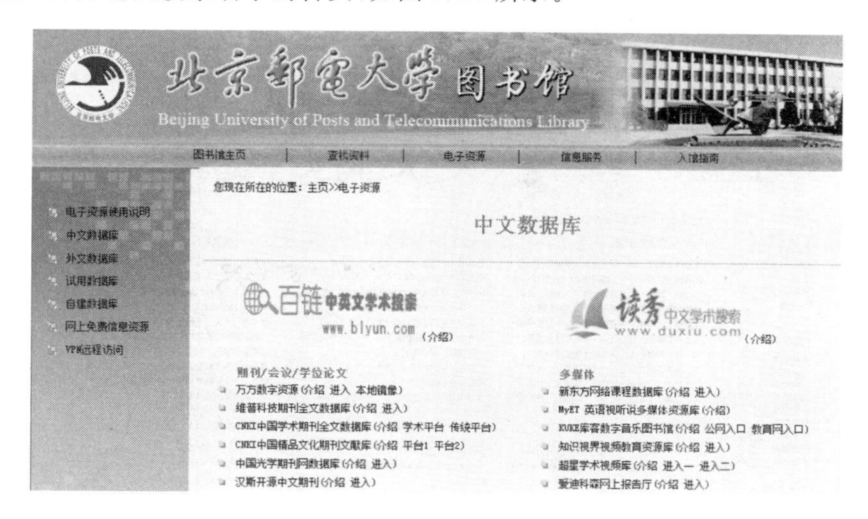

图3.20 北京邮电大学图书馆检索

在万方数据提供的输入框中输入关键字后,单击"搜索"按钮,即可得到搜索的结果页面,例如输入"北京邮电大学",列出的结果如图3.21所示。

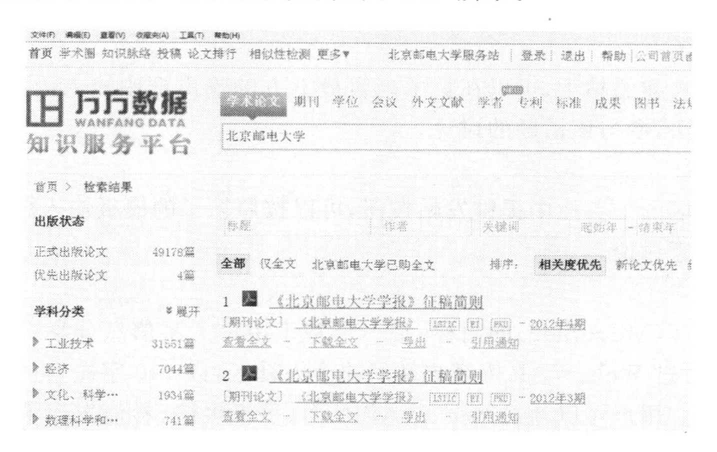

图3.21 万方数据检索

由于采用了关键字搜索,所有包含检索的关键字的页面都会被返回,往往返回的结果数量巨大。用户可以根据自己的需要,选择在关键字、作者等项目中进一步细化搜索。

4. 论坛服务

论坛全称为Bulletin Board System(电子公告板),简称BBS,是Internet上的一种电子信息服务系统。它提供一块公共电子白板,每个用户都可以在上面书写、发布信息或提出看法。它是一种交互性强、内容丰富而及时的Internet电子信息服务系统,用户在BBS站点上可以获得各种信息服务、发布信息、进行讨论、聊天,等等。最常用的论坛有天涯和豆瓣等,下面以北邮人论坛为例,介绍论坛的使用方法。

在浏览器的地址栏中输入“http://bbs.byr.cn”，即可进入北邮人论坛的首页，如图3.22所示。目前论坛根据讨论内容的不同将讨论区划分为十大热门话题、北邮校园、学术科技、信息社会等。用户可以根据自己的需要，进入相应的讨论区进行发帖、回复。

图3.22　北邮人论坛

(1) 帖子浏览

单击讨论区便可进入相应的板块，在讨论区中会根据发帖时间将本讨论区中所有的帖子列出，关注度比较高的帖子会长期放在首位。单击帖子题目可以查看详细的内容。

(2) 帖子回复

对于比较感兴趣的帖子，可以在帖子内容最下方的输出框中输入内容，单击“回复”，发表对帖子的看法，参与该话题的讨论。

(3) 帖子发布

在每个讨论区的工具栏中提供发帖按钮，可以按照帖子的模板输入想讨论的内容，发表新的帖子供大家讨论。

5. 微博服务

微博是微博客(MicroBlog)的简称，是一个基于用户关系信息分享、传播以及获取的平台，用户可以通过Web、WAP等客户端组建个人社区，以140字左右的文字更新信息，并实现即时分享。用户可以通过网页、WAP页面、手机短信、彩信发布消息或上传图片。最常用的微博有新浪微博和腾讯微博等，下面以新浪微博为例，介绍微博的使用方法。

在浏览器地址栏中输入“http://weibo.com”，即可进入新浪微博首页，如图3.23所示。

图3.23　新浪微博

(1) 微博浏览与评论

用户登录后，系统显示关注朋友所发布的微博。单击一条微博后，可以在文本框输入对该微博的评论。在"我的评论"中可以查看/删除他人给自己微博的评论及自己的评论。

(2) 发布微博

可以在计算机上登录自己的微博并发表微博，也可以直接输入音乐或视频的 URL 地址。

(3) 添加关注

"关注"是一种单向、无须对方确认的关系，只要喜欢就可以关注对方，添加关注后，系统会将该网友所发的微博内容，立刻显示在微博首页中。在新浪微博中可以查找感兴趣的人并添加关注，实时看到所关注对象发布的微博。

实验作业

(1) 浏览 http://www.sohu.com.cn。

(2) 将百度和谷歌首页添加到收藏夹。

(3) 查看 IE 预置的默认 Web 主页，将其修改为搜狐(http://www.sohu.com.cn)。

(4) 使用万方数据库下载论文。

(5) 浏览北邮人论坛，进行发帖、评论。

(6) 浏览新浪微博，进行微博的发布、评论。

3.5　实验 5　Internet 应用服务

实验目的

掌握文件传输协议(File Transfer Protocol，FTP)的使用，掌握邮件服务协议 SMTP 的使用。

实验准备

一台安装了 Windows 操作系统并能连接到 Internet 上的计算机。

FTP 协议属于 TCP/IP 协议族，是 Internet 文件传送的基础。FTP 完成两台计算机之间的文件复制：从远程计算机复制文件至本地计算机上，称为"下载(download)"文件；将文件从本地计算机中复制到远程计算机上，称为"上载(upload)"文件。电子邮箱(E-mail)是通过网络电子邮局为网络客户提供的网络交流电子信息空间。电子邮箱具有存储和收发电子信息的功能，是因特网中最重要的信息交流工具。

实验内容

1. FTP 的使用

FTP 是专门用来传输文件的协议。FTP 的主要作用，就是让用户连接上一台远程计算机(这些计算机上运行着 FTP 服务器程序)查看远程计算机有哪些文件，然后把文件从远程计算机上复制到本地计算机，或把本地计算机的文件送到远程计算机。文件传输协议是 TCP/IP 网络和 Internet 上最早使用的协议之一，它属于网络协议组的应用层。FTP 客户机可以给服务器发出命令来下载文件、上传文件、创建或改变服务器上的目录。使用下列步骤可以完成 FTP 的建立。

(1) 开启服务

依次单击开始菜单→控制面板→程序→打开或关闭 Windows 功能，列表内找到 Internet信息服务(展开)选中 FTP 的 3 个项，如图 3.24 所示。

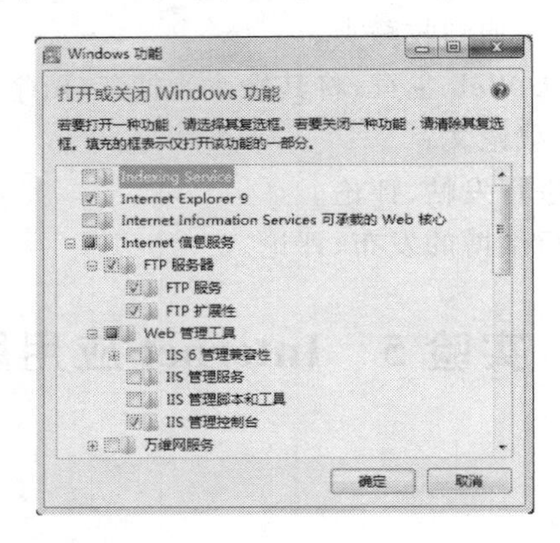

图 3.24　FTP 配置

(2) 添加 FTP 站点

依次单击开始菜单→控制面板→系统和安全→管理工具→Internet 信息服务管理器，右击网站"添加 FTP 站点"，分别如图 3.25 和图 3.26 所示。

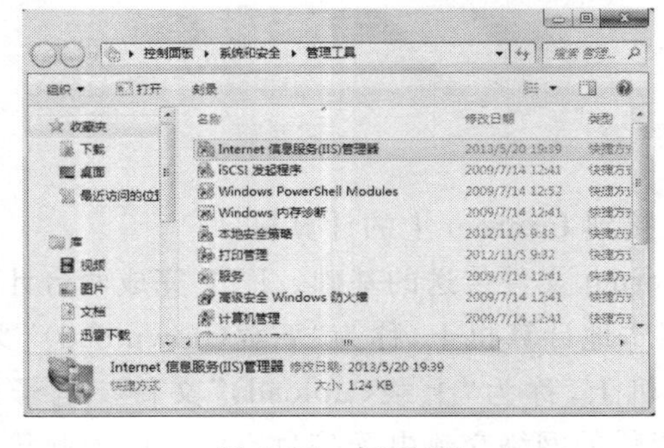

图 3.25　打开 IIS

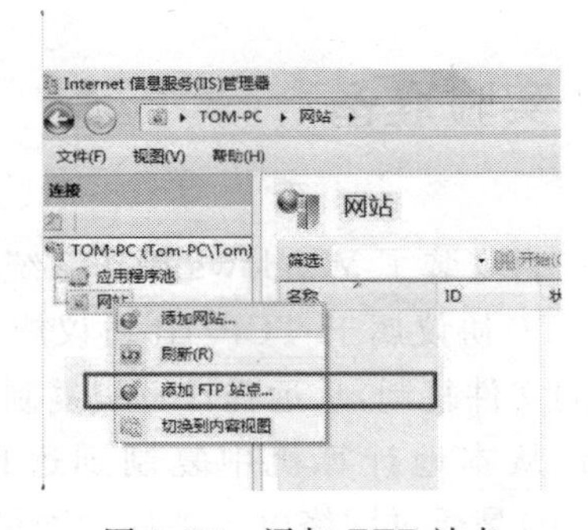

图 3.26　添加 FTP 站点

(3) FTP 站点配置

在“网站名称”中输入“localhost”，并选择本机的 FTP 目录物理路径，如图 3.27 所示。

(4) IP 地址配置

IP 地址中选“全部未分配”，端口可以自行设定(不能用 80)，选择“自动启动 FTP 站点”，SSL 选“无”，如图 3.28 所示。

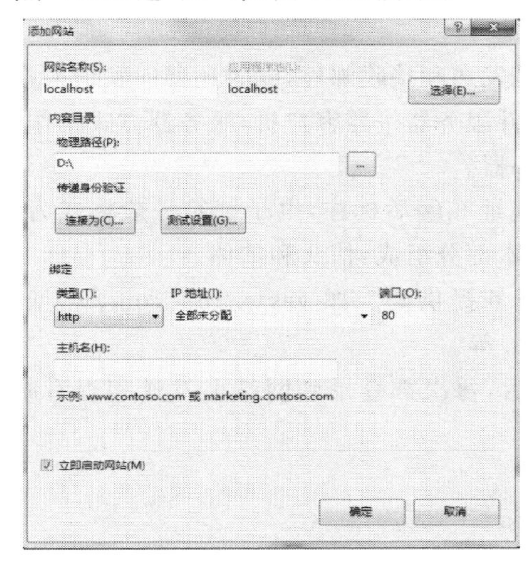

图 3.27 FTP 站点名称

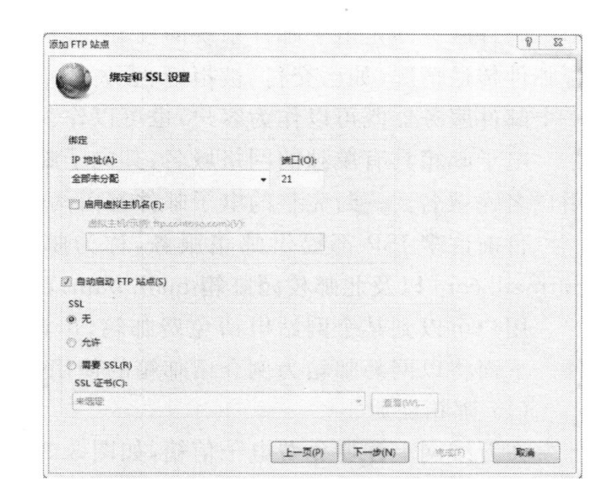

图 3.28 IP 绑定

(5) 访问权限设置

身份验证选“匿名”，允许访问选“匿名用户”，权限选“读取”，如图 3.29 所示。

(6) FTP 访问

在 IE 浏览器地址栏中输入“ftp://localhost”，按回车键后可以显示该路径下的所有文件，如图 3.30 所示。

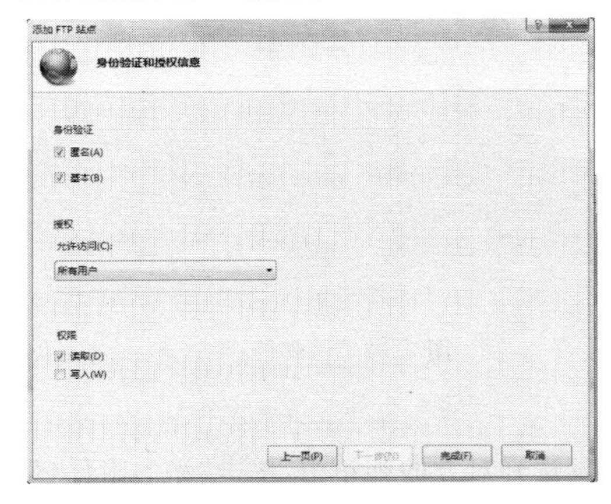

图 3.29 用户授权

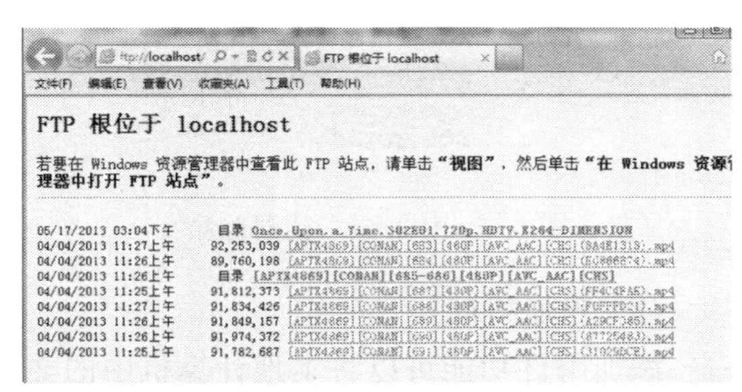

图 3.30 FTP 浏览

2. 电子邮箱的使用

电子邮件(E-mail)是 Internet 上用户之间的一种快捷、简便、廉价的现代通信手段。电子邮件不仅可传送文字信息,而且还在附件中传送声音和图像。

电子邮件系统有用户代理(如 Outlook、Foxmail 等)、邮件服务器和邮件协议(如发送邮件的协议 SMTP 和读取邮件的协议 POP3 或 IMAP)3 个组成部分。电子邮件工作过程遵循客户机/服务器模式:发送方构成客户端;接收方构成服务器,服务器含有众多用户的电子信箱。

邮件服务器是电子邮件系统的核心,其功能是发送和接收邮件,同时还要向发信人报告邮件传送情况(如已交付、被拒绝、丢失等)。邮件服务器按照客户机/服务器方式工作,一个邮件服务器既可以作为客户,也可以作为服务器。

电子邮箱具有单独的网络域名,其电子邮局地址在@后标注,电子邮箱一般格式为:用户名@域名。一封完整的电子邮件都由两个基本部分组成:信头和信体。

目前许多 ISP 都提供邮箱服务,称为邮件服务提供商。如 www.163.com、www.hotmail.com 以及北邮校园邮箱 mail.bupt.edu.cn 等。

用户可以到某个网站申请免费邮箱,申请之后,每次都登录到网站上发送和查看邮件。下面将以网易邮箱为例介绍邮箱的使用。

(1) 邮箱注册

在万维网上注册免费电子信箱,如图 3.31 所示。

(2) 发送邮件

登录进入邮箱,单击“写信”按钮,在收件人栏中输入对方的邮箱地址,例如“用户名@163.com”,输入主题和邮箱内容,如图 3.32 所示。

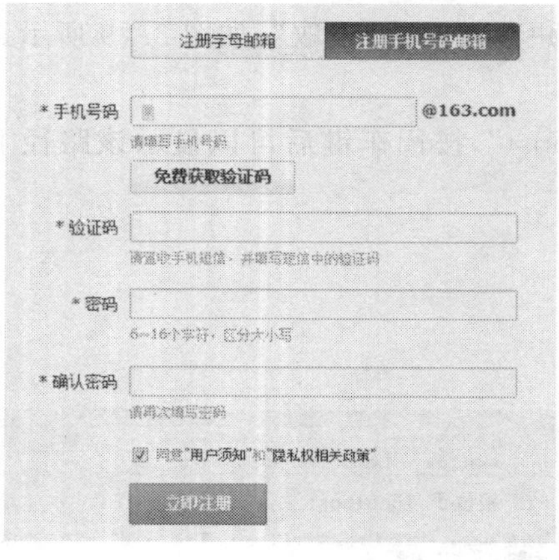

图 3.31　注册邮箱

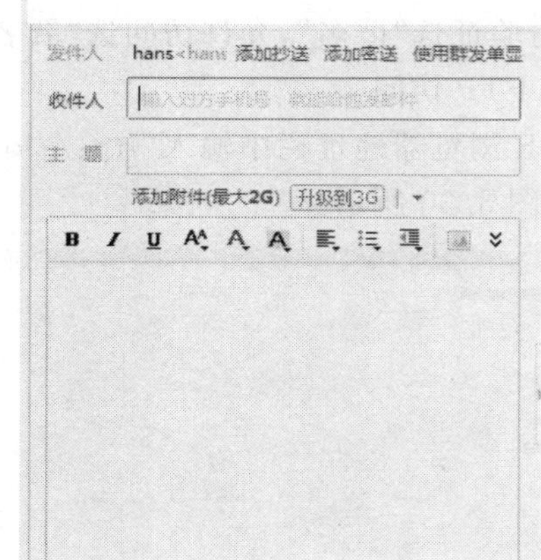

图 3.32　写邮件

(3) 添加附件

添加附件功能可以将本地计算机中的文件发送到对方的邮箱中,单击“添加附件(最大 2 GB)”按钮,在弹出的资源管理窗口中选择要发送的文件,成功后单击“发送”。发送成功后,对方可以收到邮件。

(4) 查看邮件

在网易邮箱首页,单击“收信”按钮,可查看邮箱中的邮件, 如图 3.33 所示。

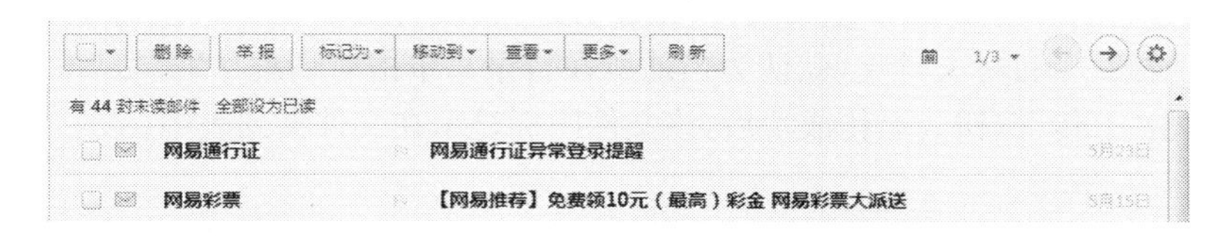

图 3.33　查看邮件

(5) 删除邮件

在邮件查看列表中,选中需要删除的邮件,单击“删除”按钮,可删除邮箱中不需要的邮件,如图 3.34 所示。

图 3.34　删除邮件

3. 网盘使用

网盘又称网络 U 盘、网络硬盘,是一种在线存储服务,向用户提供文件的存储、访问、备份、共享等文件管理功能。

网盘的原理是网络公司将其服务器的硬盘或硬盘阵列中的一部分容量分给注册用户使用,因此网盘一般来说投资都比较大。免费网盘容量一般为 300 MB 到 10 GB 左右,同时,为了防止用户滥用网盘还往往附加单个文件最大限制,一般为 100 MB 到 1 GB 左右,因此,免费网盘一般适于存储较小的文件。收费网盘则具有速度快、安全性能好、容量高、允许大文件存储等优点,适合有较高要求的用户。国内常见的网盘有:115 网盘、金山快盘、百度网盘和 360 云盘等。本节将以网易网盘为例介绍网盘的使用。网易网盘如图 3.35所示。

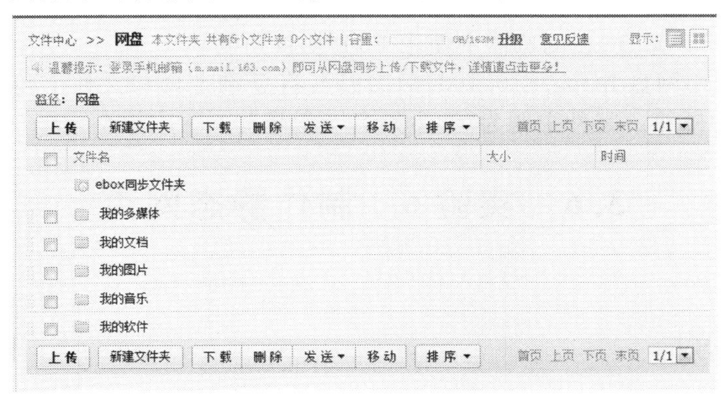

图 3.35　网易网盘

(1) 上传文件

将文件存到网盘的过程称为“上传文件”,其步骤如下:登录163邮箱,单击左边树形菜单中的“网易网盘”;单击页面中的“上传文件”按钮,或单击文件夹后面操作栏的“上传”图标。在网易网盘中选择一个目标文件夹(默认为当前所在目录),单击对话框中“浏览”按钮,选择要上传的文件;单击“上传”按钮。上传成功后,该文件图标显示在文件夹列表中。

(2) 发送文件

可以使用写信功能将网盘中的文件发送给联系人,主要步骤为:单击写信页面的“网易网盘”链接;在跳转的网盘文件列表页面选中需要发送的文件;单击“确定”,回到写信页面继续编辑邮件;单击“发送”,就可以将选中的文件作为邮件的附件发送给好友。

(3) 新建目录

登录网易邮箱,单击左边树形菜单中的“网易网盘”;选择新建文件夹;输入新建文件夹名称,单击“确定”,即在选定文件夹下新建一个目录。

(4) 分类保存文件

网易网盘已经默认建立了“我的音乐”、“我的图片”、“我的文件”等文件夹,用户可以按照文件类型把文件保存到相应的目录里。用户也可以根据自己的喜好新建不同的文件夹,比如在“我的音乐”文件夹里面,单击“新建文件夹”。

(5) 下载文件

先选定要下载的文件,单击文件后面的“下载”图标,或对该文件右键选择“下载文件”,可以下载单个文件;单击“文件列表”下面的“打包下载”按钮,将选中的多个文件打包一次下载;单击“文件夹下载”可以打包下载整个文件夹。

(6) 查看单个文件

用来查看网易网盘中的一些常见文件(.jpg、.gif、.txt、.bmp、.htm等),可直接在浏览器中打开,预览其他格式的文件将提示下载。

(7) 删除文件或者目录

选定要删除的文件或文件夹,单击“删除”按钮;弹出确定删除对话框,单击“确定”按钮。

实验作业

(1) 搭建FTP站点,在浏览器中使用FTP协议访问。

(2) 注册使用网盘 http://10.103.31.191/,将登录主页和文件上传页截图后,使用邮件发送至教师邮箱。邮件主题为“学生姓名+学号”。

3.6 实验6 制作静态网页

实验目的

了解网站的网页设计过程,能自行设计一个基本完整的静态简单网页。

实验准备

一台安装了 Windows 7 操作系统和 Dreamweaver 8 软件的计算机。

实验内容

1. Dreamweaver 工作界面

Dreamweaver 由两大部分组成，即网页编辑器和站点管理器。页面编辑器是一个可视化的网页编辑器，网页制作都是在页面编辑器中完成的；站点管理用于管理网站内的文件和目录，检验连接情况，并控制站内文件的上传。一般来说，在做网站时应先建立好站点，再进行网页的制作，这样可以保证页面内文件的正确性。

Dreamweaver 工作界面可以查看文档和对象属性。工作区还将许多常用操作放置于工具栏中，可以快速更改文档。在 Windows 中，Dreamweaver 提供了一个将全部元素置于一个窗口中的集成布局。在集成的工作区中，全部窗口和面板都被集成到一个更大的应用程序窗口中。Dreamweaver 界面如图 3.36 所示。

图 3.36　Dreamweaver 工作界面

(1) 标题栏

标题栏上显示当前正在编辑文档的题目和名称。

(2) 菜单栏

几乎所有的工作都可以通过菜单来完成。

(3) 工具栏

工具栏包含按钮,这些按钮可以在文档的下列不同视图间快速切换:“代码”视图、“设计”视图、同时显示“代码”和“设计”视图的拆分视图。

(4) 文档窗口

显示当前文档。可以在“设计”视图、“代码”视图或“设计和代码”视图中查看文档。“文档”窗口的状态栏提供了有关当前文档的信息。

(5) 对象面板

对象面板组上包括 7 个子面板,依次为“常用”、“布局”、“表单”、“文本”、“HTML”、“应用程序”和“Flash 元素”。单击面板组名称右端的下拉按钮,打开下拉列表,在下拉列表中选择子面板名称,即可打开相应的面板。

(6) 属性设置面板

可以查看和编辑当前选定页面元素(如文本和插入的对象)的最常用属性。属性设置面板中的内容根据选定的元素会有所不同。例如,如果选择页面上的一个图像,则“属性”检查器将改为显示该图像的属性。

(7) 状态栏

分别用于显示和控制文档源代码、显示页面大小、查看传输时间。其中,单击页面设置区可打开屏幕分辨率设置列表,用户可以从中选择。

(8) 窗口显示区

在整个窗口的右侧,并列放置了多个功能区,在“窗口”菜单中可以设置显示的功能区内容,方便用户快捷操作。

2. 设置 Dreamweaver 站点

Web 站点是一组具有共享属性(如相关主题、类似的设计或共同目的)的链接文档和资源。本地文件夹是工作目录。Dreamweaver 将该文件夹称为“本地站点”。此文件夹可以位于本地计算机上,也可以位于网络服务器上。设置 Dreamweaver 站点操作步骤如下。

① 创建站点目录,在本地磁盘建立站点文件夹,如 myWebsite,在其中建立一个存放资源的文件夹,可以命名为 images。

② 启动 Dreamweaver,选择“站点”→“管理站点”命令。

③ 在“管理站点”窗口中,单击“新建”→“站点”命令。

④ 出现“站点定义”向导,在文本框中为站点命名,单击“下一步”按钮。

⑤ 在“站点定义”选择“否,我不想使用服务器技术”,单击“下一步”按钮。

⑥ 在“站点定义”第 3 部分,“您将把文件存储在计算机上的什么位置”处的文本框内输入站点根目录路径,单击“下一步”按钮。

⑦ 在“您如何连接到远程服务器”下拉列表选择“无”选项,单击“下一步”按钮。

⑧ 站点定义完成,出现“总结”窗口,显示出了刚才定义的站点基本信息,最后一句提示“可以使用‘高级’选项卡对您的站点进行进一步配置”,单击该窗口上方“高级”标签。

⑨ 在“高级”选项卡内，可以看到前面所设置的“站点名称”及“本地根文件夹”情况，这里需要进一步设置“默认图像文件夹”位置，此处设为网站 image 的物理存储位置，单击“确定”按钮。

⑩ 系统自动返回到“管理站点”窗口，新建站点 myWebsite 已出现在列表框中，单击“完成”按钮，最后完成站点的创建。

⑪ 创建完成的站点会自动显示在“文件”面板中。

本站点建立完毕，以后为本站点建立的网页及使用的图像都可以放在该目录下。在站点管理器中选中要设置为首页的网页，在右键的快捷菜单中选择“设为首页”命令，之后可以通过站点地图进行管理。要显示站点地图，可以在文件面板中选择“地图视图”选项。站点地图用树形结构图方式显示站点文件中的链接关系，在站点地图中可以添加文件、修改、删除、增添文件间的链接关系。在站点地图中可以选择多个网页、打开并编辑网页、增加网页、建立网页间链接、改变网页标题栏的标题等多种操作。

3. 创建网页

（1）设置页面属性

执行“修改”→“页面属性”命令，调出“页面属性”对话框，在其中可以设置标题、背景图像、背景颜色、链接颜色、边界位置和宽度、文档编码类型、图像透明设置等内容。页面属性设置界面如图 3.37 所示。

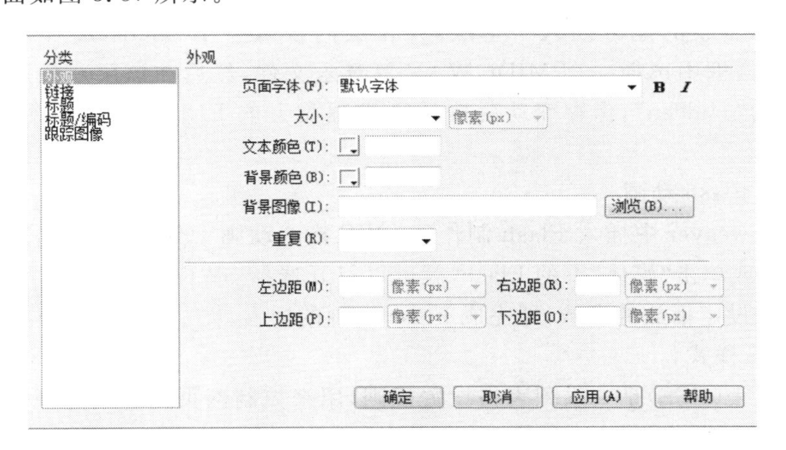

图 3.37 页面设置

（2）插入文本

在 Dreamweaver“文档”窗口中输入文本，也可以剪切或粘贴，对插入的文本在属性设置中设置字型、字号、颜色等，在网页中输入文本直接显示出来。

（3）插入图片

在“文档”窗口中，将插入点放置在要显示图像的地方，在“插入”栏的“常用”类别中，单击“图像”图标。在对话框中选择“文件系统”以选择一个图形文件后单击“确定”。可以在属性面板中对该图片设置属性，包括宽度、高度、连接、替换文本、对齐方式等。

（4）建立超级链接

使用属性检查器的文件夹图标或“链接”文本框链接文档，在“文档”窗口的“设计”视图中选择文本或图像。打开属性检查器("窗口"→"属性"),单击"链接"文本框右侧的文件夹图标,以通过浏览选择一个文件在 URL 文本框中显示了被链接的文档的路径。使用"选择 HTML 文件"对话框中的"相对于"弹出菜单,指示该路径是文档相对路径还是根目录相对路径,然后单击"选择"。

(5) 插入表格

单击对象面板中的表格命令,弹出表格对话框,设置要插入表格的行数、列数和宽度等属性,之后单击"确定"。插入表格后,选中该表格,可以在"属性面板"中设置相应的属性,例如,表格名称、背景色、对齐方式、背景图像。

(6) 框架

在对象面板中选择"Frame"标签,从中选择一个合适的框架布局,单击即可在页面中创建相应的框架。选中的框架可以设置该框架的有无、颜色、宽度等。

(7) 层

图像层是包含有文字或图形等元素的胶片,一张张按顺序叠放在一起,组合起来形成页面的最终效果。图层可以将页面上的元素精确定位。图层可以加入文本、图片、表格、插件,也可以在里面再嵌套图层。执行"插入"→"层"命令,即可向网页中插入一个层,选中一个层,可以对其属性进行设置。

(8) 设置背景音乐

在页面不显眼的地方插入一空层,并在层内放入一个"ActiveX 对象",双击该对象,在打开对话框中选择一个 MIDI、WAV 等音乐文件,然后在该层对象属性面板中设定其可视性为"Hidden",保存变动后按计算机键盘上的 F12 键预览网页,听听是否有音乐声。

(9) 插入 Flash 动画

在 Dreamweaver 中插入 Flash 制作的 SWF 格式动画十分容易,单击对象工具栏上的 Flash 徽标或单击"媒体"下的 Flash,就可以打开选择 SWF 动画文件。选好文件后可在其属性面板设定播放的参数,即完成 Flash 动画的插入。

(10) CCS 样式

层叠样式表(CCS)是一系列表格设置规则,用来控制网页内容的外观。样式表是一个.css 文件,定义了各种对象的外观样式。在网页中引用该样式表,之后就可以在制作网页的时候应用该样式表了。

4. 网页访问

打开浏览器,在地址栏中输入访问网址,本机访问 URL 格式为 http://localhost/发布的站点名,例如,http://localhost/mysite。

访问其他主机 URL 格式为 http://IP 地址或计算机名/发布的站点名,例如,http://st11/mysite 或者 http://10.1.5.128/mysite。

5. 网页制作示例

以下介绍使用 Dreamweaver 来建立"阿伦·艾弗森"的个人简介网站过程。

① 单击"站点"下拉菜单的"创建站点",命名站点名称和站点在计算机的路径。

② 运行 Dreamweaver ,在"文件"下拉菜单单击"新建",打开"新建文档"对话框,选

中“框架集”里的“上方固定，下方左侧嵌套”，并单击“创建”按钮。

③ 调整框架的大小，分别保存各个框架和框架集并命名(注：不能用汉字，只能用英文字母)。

④ 分别给各个框架加入合适的背景色或者插入图片。

⑤ 把准备好的图片插入到顶部的框架中，调整图片的大小。在图片上面插入两个层，分别写入文本“NBA 的答案”和“阿伦·艾弗森”，调整字体类型和大小。

⑥ 在左下方的框架选择合适的背景颜色，并加入 5 个层，分别输入文本“返回首页”、“经典名言”、“个人荣耀”、“进攻特点”、“薪水技术”和“精彩瞬间”。

⑦ 创建 5 个不同的基本页面。单击“文件”下拉菜单的“创建”命令，创建基本页面，在打开的页面中设置背景色，并插入一个层，把准备好的文本插到层里面，设置好文本的字体类型、大小和颜色。和上步一样设置一个页面，只是背景颜色不一样。插入一个一行两列的表格，分别在表格的两个单元格中插入文本，设置文本的大小、类型和颜色。前面同上方法，后面插入一个一行一列的表格，并插入文本，调整好文本大小、类型和颜色。单击“文件”下拉菜单的“创建”命令，创建一个基本页面，在打开的页面设置背景颜色，在页面上插入一个一行两列的表格，在表格中的左单元格中插入他的历年薪水情况，在右单元格中插入他的技术特点相关的资料文本。开始方法和上面一样，插入一个两行两列的表格，在表格的单元格中插入阿伦·艾弗森在 NBA 的比赛精彩瞬间的图片，调整好图片的大小。在表格右边空白处插入一个层，在层中插入文本(包括阿伦·艾弗森的基本情况)，并调整好文本的颜色、大小和类型。

⑧ 在右下方的框架中设置背景颜色。插入一个阿伦·艾弗森为背景的图片，调整好图片的大小。在图片右边插入一个层，在层里面设置好文本的放进去，并调整好文本的大小、颜色和类型。

⑨ 分别选中框架中的各个层，并在层里面选中文本，然后在下角的属性中单击链接，并将其链接到上面设置好的页面中。单击目标的下拉条，设置成刚才右框架的名称。

⑩ 选中左下角的框架，并选中以“返回首页”的层，链接到主页上的主页框架，目标也和上面的步骤一样，只是将其也设置成主页的一部分。

⑪ 单击浏览器预览/调制，然后浏览情况，看看设计的情况，再度修改。

⑫ 在最上框架上插入一个层，在层里写入文本“mic”，设置插入一段准备好的音频。

制作完成的网页如图 3.38 所示。

图 3.38　网页制作

实验作业

(1) 使用 Dreamweaver 建立一个自我介绍网站,主页包含自我简介和爱好链接。

(2) 制作“个人简介”和“我的爱好”页面链接到主页面上,网站最好包括图片、音乐、视频等多媒体素材。

第4章 文字编辑软件实验

4.1 实验 1 文档排版

实验目的

学会使用 Word 2010 对各种文档格式进行排版。

实验准备

已经安装了 Microsoft Office Word 2010 软件的计算机。了解文字排版的基础知识。

实验内容

(1) 执行 Word 2010 程序，新建一个新 Word 文档，并将其保存为“排版.docx”。

(2) 从 Internet 上找到一篇新闻报道或科技论文，选中其中的文本内容，执行组合键 Ctrl+C 复制该文本内容，到 Word 文档中单击“开始”选项卡中“剪切板”组的“粘贴”中的下三角按钮，在出现的如图 4.1 所示的“粘贴选项”对话框中，选择最右边的按钮，则在复制过程中将去掉复制的文本的格式信息，只保留文本内容。

(3) 选中所粘贴的新闻报道或科技论文的标题，单击“插入”选项卡中“文本”组的“艺术字”按钮，在出现的“艺术字库”列表中选择一种艺术字式样，在出现的“编辑艺术字文字”对话框中对标题文字的字体和字号等进行设置，设置完成后单击“确定”按钮，则将该新闻报道或科技论文的标题编辑为艺术字体。

(4) 选中文档的文本部分，在“开始”选项卡中执行“字体”组各命令，选择字体为“宋体”，选择字号为“小四号”，其他设置采用默认值。

(5) 逐段选中文档的文本部分，执行“段落”组各命令，设置文档的段落内容。

(6) 选中要进行分栏设置的文本部分，选择“页面布局”选项卡，单击“页面设置”组中的"分栏"按钮，在出现的如图 4.2 所示的"分栏"对话框中选择"两栏"。

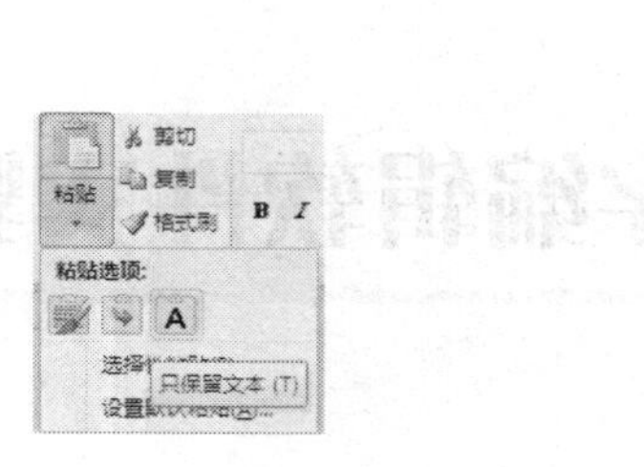

图 4.1 "粘贴选项"对话框

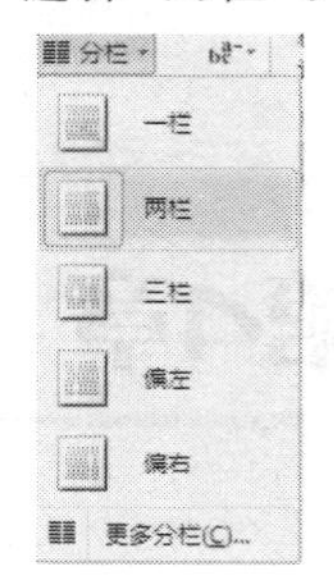

图 4.2 "分栏"对话框

(7) 选中文章的第一段，执行"插入"选项卡"文本"组中"首字下沉"命令，设置首字下沉三行。

(8) 执行"插入"选项卡中"插图"组的命令，插入图片，调整图片的大小，将光标放在图片上单击右键，在出现的快捷菜单中选择"大小和位置"命令，出现如图 4.3 所示的对话框，单击"文字环绕"标签，选择文字环绕方式，将图片移动到文中的合适位置。

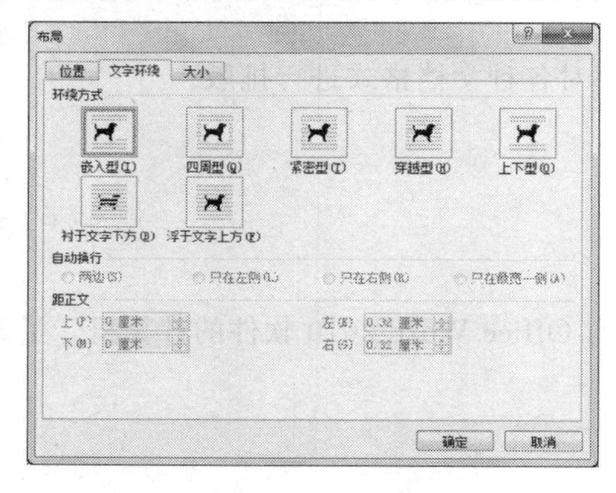

图 4.3 "布局"对话框

(9) 在"页面布局"选项卡，单击"页面背景"组的"页面边框"命令，为页面选择外边框。

设置好的文档效果如图 4.4 所示。

中国探月工程新闻发言人 2010 年 9 月 29 日发布消息：嫦娥二号卫星和火箭已完成发射场区的测试和检查，测试结果正常，完全满足发射的技术条件。将于 10 月 1 日 18 时 59 分 57 秒在西昌卫星发射中心点火发射，19 时整起飞。如果遇到气候等原因，不能在第一窗口时间发射，还选择了 10 月 2 日和 3 日择机发射。目前嫦娥 2 号已于 2010 年 10 月 1 日 18 时 59 分 57 秒 345 毫秒点火，19 时整成功发射。在飞行后的 1553 秒时，星箭分离，卫星进入轨道

嫦娥二号介绍

"嫦娥二号"主要任务是获得更清晰、更详细的月球表面影像数据和月球极区表面数据，嫦娥二号此卫星上搭载的CCD照相机的分辨率将更高，其他探测设备也将有所改进。因为"嫦娥三号"实现月球软着陆进行部分关键技术试验，并对嫦娥三号着陆区进行高精度成像。

图 4.4 排版效果图

实验作业

(1) 用 Word 2010 撰写一封家书，设定字符格式和段落格式、设置边框和底纹效果，并通过 E-mail 方式或打印邮寄的方式发送给父母。

(2) 用 Word 2010 制作一幅海报，可以通过插入图片、艺术字体、剪贴画等方式增强海报的宣传效果。

4.2 实验 2 模板使用

实验目的

学会使用 Word 2010 模板制作相关文档。

实验准备

已经安装了 Microsoft Office Word 2010 软件的计算机。

了解模板的相关内容。Word 模板是指 Microsoft Word 中内置的包含固定格式设置和版式设置的模板文件，用于帮助用户快速生成特定类型的 Word 文档。在 Word 2010 中除了通用型的空白文档模板之外，还内置了多种文档模板，如博客文章模板、书法模板等。另外，Office 网站还提供了证书、奖状、名片、简历等特定功能模板。借助这些模板，用户可以创建比较专业的 Word 2010 文档。

实验内容

用户通过使用 Word 模板可以快速地制作高质量的文档。模板的种类有报告、简历、信函、论文、传真、名片等。

1. 个人简历的制作

(1) 执行“文件”选项卡中“新建”命令，出现如图 4.5 所示的界面，单击“样本模板”。

(2) 在出现的选择模板的界面中，选择所需要的简历模板。

(3) 按照所选择的简历模板，在地址中输入个人的基本通信信息，在标题中选择简历中要包含的内容标题，还可以选择一些其他的标题，最后添加自定义标题，并对所有标题的顺序进行排列，按照设定创建一个简历表格，如图 4.6 所示。

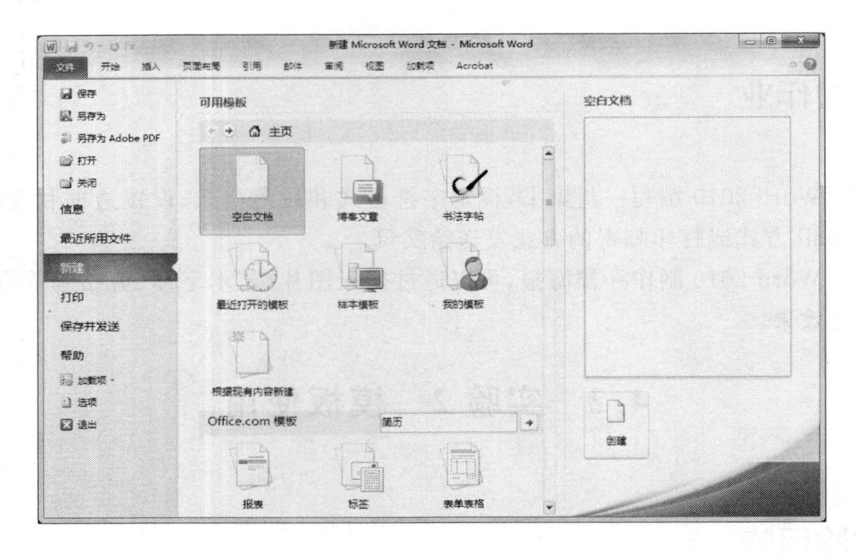

图 4.5 “新建”选项

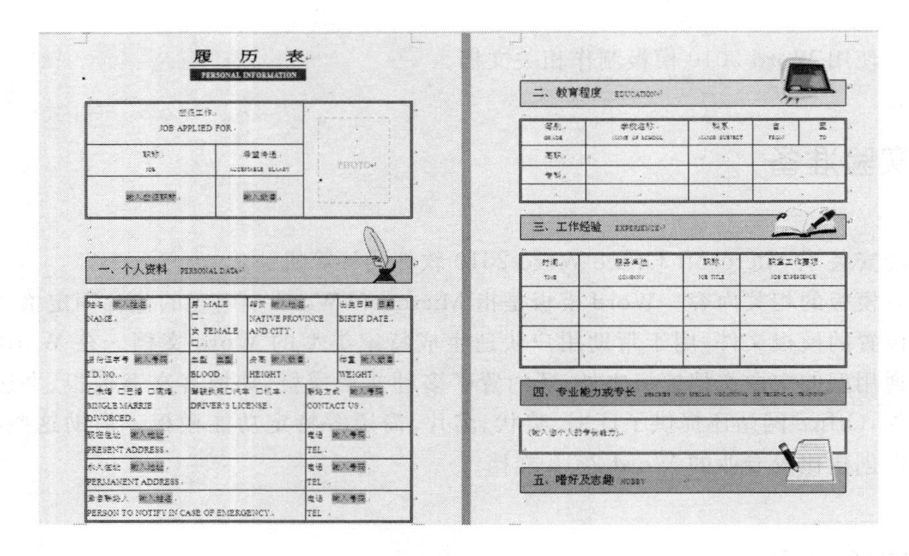

图 4.6 简历效果图

(4) 在各部分填写个人的信息,便完成了表格简历的制作。

读者还可以选择“office. com”模板,从网络上选择更加精美的简历模板,并快速生成简历。

2. 日历的制作

新的一年到来的时候,我们可以亲自动手制作一个日历。通过 Word 2010 中的模板,可以快速制作精美的日历。

(1) 执行“文件”选项卡中“新建”命令,在“Office. com 模板”选项中的“在 Office. com 上搜索”框中输入“日历”进行搜索(参见图 4.5)。

(2) 在出现的选择模板的界面中,选择所需要的日历模板,单击右侧下边的“下载”按钮，将选中的日历模板下载到本地的计算机上。

(3) 将所下载的模板打开进行编辑，如图 4.7 所示。对模板进行编辑，如将自己的学习计划、生日添加在相应的日期内，将编辑完成的日历进行命名保存，即制作完成了个性化的精美日历。

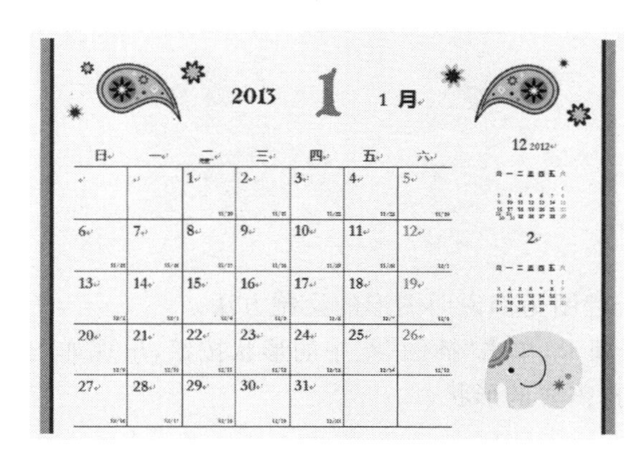

图 4.7　日历效果图

实验作业

(1) 用 Word 2010 模板制作一份个人简历，可以选择任何简历样式。

(2) 用 Word 2010 模板制作一份个人名片。

4.3　实验 3　图形和表格的制作

实验目的

掌握 Word 2010 中各种自选图形的绘制方法，并对自选图形进行编辑和设置；掌握 Word 2010 中表格的编辑、运算和生成图表的方法，包括建立表格、编辑表格、格式化表格、处理表格、建立图表等内容。

实验准备

已经安装了 Microsoft Office Word 2010 软件的计算机。

了解 Word 中有关图形和表格的相关内容。在 Word 2010 中，自选图形包括直线、矩形、圆形等基本图形，同时还包括各种线条、连接符和流程图符号，Word 2010 允许用户在文档中绘制自选图形，同时可以对绘制的自选图形进行修改。表格是 Word 中展现数据关系的常用工具，它可以显示数据内容、数据之间的关联关系，还能将表格生成图表，更直观地展现结果。Word 2010 具有强大的表格编排能力，可以轻松地在文档中创建各类美观的专业表格。

实验内容

1. 绘制自选图形

以计算机程序的流程图为例说明图形的绘制方法。

(1) 选择“插入”选项卡，单击“插图”组中的形状按钮，出现如图 4.8 所示的形状下拉列表，在流程图组中选择需要的形状。

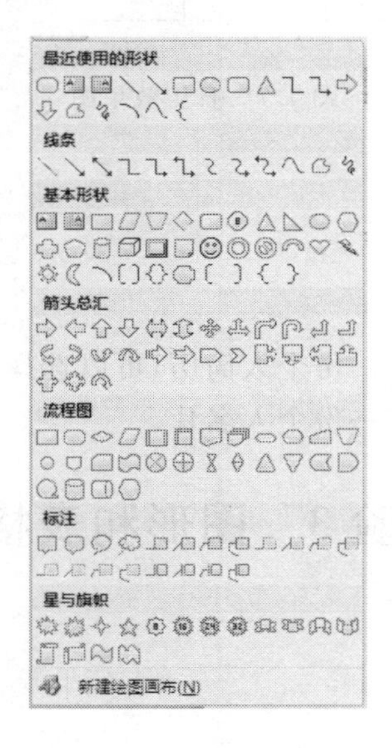

图 4.8 “形状”下拉列表

(2) 为图形添加文字。在自选图形上右击鼠标，选择快捷菜单中的“添加文字”命令。此时在自选图形上会出现一个文本框，在文本框中输入文字。

(3) 单击“插图”组中的形状按钮，在图 4.8 所示的形状下拉列表选择流程图中需要的线条，并将其放在合适的位置。

(4) 在线条上方加入说明文字。在“插入”选项卡中，单击“文本”组中的“文本框”按钮，在下拉列表中选择“绘制文本框”命令，出现“＋”光标，将光标移动到合适位置后按下鼠标左键绘制文本框至需要的大小，然后松开鼠标。在文本框内输入说明性的文字。

(5) 设置文本框的格式。文本框中的说明性文字一般没有边框，选中文本框，将光标放在其外边框上，然后单击右键，在出现的快捷菜单上选择“设置文本框格式”命令，出现如图 4.9 所示的对话框，在“颜色与线条”标签中，将“线条”组的颜色设置成“无颜色”。

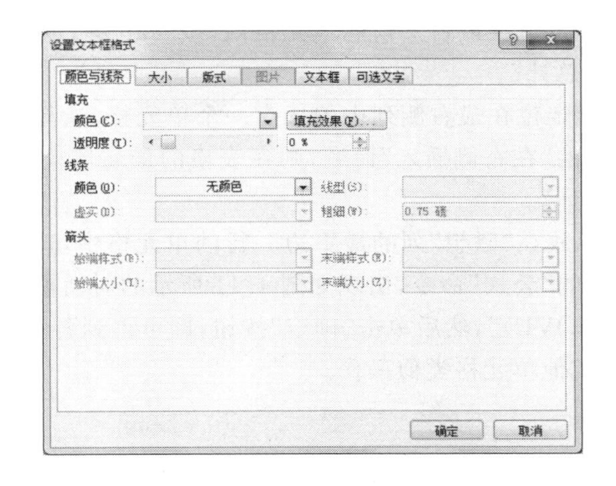

图 4.9 “设置文本框格式”对话框

绘制好的流程图如图 4.10 所示。

单击流程图中各个图形，在功能区将出现“文本框工具—格式”选项卡，利用该选项卡可以设置图形的效果。

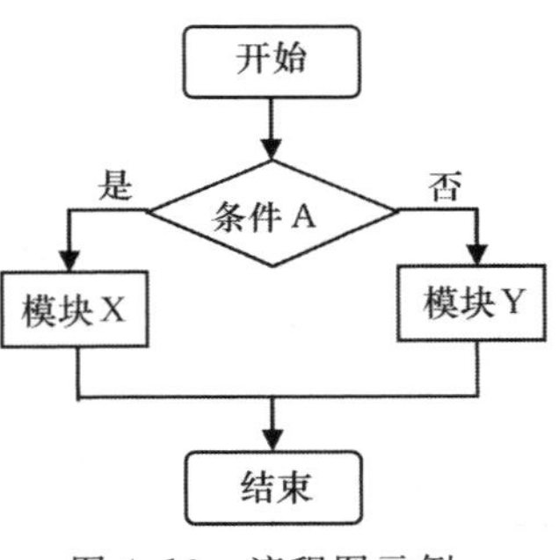

图 4.10 流程图示例

2. 表格的制作

表格是一种简捷直观的表达方式，能够在较小的版面范围内显示大量信息。某计算机经销商有多家连锁店，经营多种品牌的计算机，现根据 2013 年第一季度的实际销售数据制作连锁店-计算机品牌销售量统计表，并通过公式计算出每个连锁店共卖出计算机的数量和每个品牌在该经销商共卖出计算机的数量。

(1) 将插入点光标放在文档中需要插入表格的地方，选择“插入”选项卡，单击“表格”组中的“表格”按钮，在弹出的下拉列表中用鼠标选取 6 行 6 列的表格。

(2) 将插入点光标放在表格中的最左上角单元格内，此时在功能区出现“表格工具”选项卡，在其中选择“设计”选项卡，单击“表格式样”组中的“边框”右边的下三角按钮，在出现的下拉列表中选择“斜下框线”命令，则在左上角单元格中划出如表 4.1 所示的斜线。在斜线上方输入“品牌”，在斜线下方输入“连锁店”，完成表头的制作。

(3) 在最左侧的列中输入各连锁店的名称，在最上方的行中输入各品牌的名称，在行列交叉的单元格中输入该连锁店、该品牌的销量数量，如表 4.1 所示。

表 4.1 销售量情况

品牌 连锁店	联想	戴尔	惠普	海尔	方正
中关村店	90	80	75	62	86
上地店	60	56	63	58	61
航天桥店	59	39	37	61	69
高教园区店	80	79	68	50	76
西三旗店	95	92	35	78	88

(4) 将插入点光标定位在最右下角的单元格内，按 Tab 键，创建一个新行，在新行的最左侧单元格中输入“总计”。

(5) 将插入点光标定位在最右侧列中的任意一个单元格，选择“表格工具-布局”选项卡，单击“行和列”组中的“在右侧插入”命令，则在表格的最右侧插入一个新列，在新列最上方单元格中输入“总计”。

(6) 将插入点光标放在“联想”列的最下边一行的单元格中，选择“表格工具-布局”选项卡，单击“数据”组中的“公式”命令，出现如图 4.11 所示的对话框，在对话框的公式输入栏中输入“＝SUM(ABOVE)”，然后单击“确定”按钮，即可得到各家连锁店联想品牌的销售总量。最后一行的其他单元格类似操作。

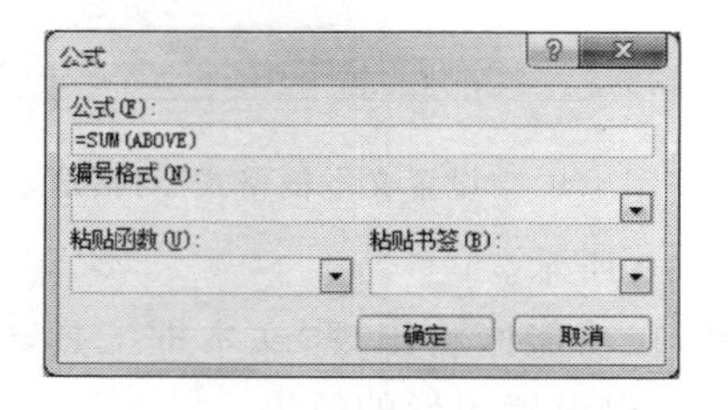

图 4.11 “公式”对话框

(7) 将插入点光标放在“中关村店”最右侧列的单元格中，单击“数据”组中的“公式”命令，在对话框的公式输入栏中输入“＝SUM(LEFT)”，然后单击“确定”按钮，得到中关村店所有计算机品牌的总销量。对最后一列其他单元格重复上述操作，得到每个连锁店所有电脑品牌的总销量。

(8) 将插入点光标放在最右下角的单元格内，单击“数据”组中的“公式”命令，在对话框的公式输入栏中输入“＝SUM(LEFT)”或“＝SUM(ABOVE)”，得到该经销商销售的计算机的总数量。

(9) 选中表格的第一行，执行右键菜单中的“边框与底纹”命令，在出现的“边框与底纹”对话框中，选择“底纹”标签，在“填充”下拉框中选择灰色，将表头颜色设置为“灰色”。

可使用“开始”选项卡中的命令，对表 4.2 中的文字和数据进行修饰。使用表 4.1 的数据，执行“插入”选项卡中“插图”组的“图表”命令，可以生成各种类型的图表。

表 4.2 销售量统计

品牌 连锁店	联想	戴尔	惠普	海尔	方正	总计
中关村店	90	80	75	62	86	393
上地店	60	56	63	58	61	298
航天桥店	59	39	37	61	69	265
高教园区店	80	79	68	50	76	353
西三旗店	95	92	35	78	88	388
总计	384	346	278	309	380	1 697

实验作业

(1) 使用 Word 2010 的自选图形，绘制一幅图形作品，主题自选。

(2) 某单位统计各个年龄段职工的职称情况，使用 Word 表格绘制表 4.3 所示的表格，计算该单位各职称的人数、各年龄段职工的人数、总人数，并生成职称年龄图表。

表 4.3 单位职称情况

职称 年龄	高级工程师	工程师	助理工程师	技术员	工人
60 以上	28	168	39	61	21
50～60	60	360	63	59	16
40～49	29	520	37	56	19
30～39	21	390	356	50	17
30 以下	0	90	360	78	28

4.4 实验 4 域和邮件合并

实验目的

通过域和邮件合并，学会使用 Word 2010 中的一些高级功能。

实验准备

已经安装了 Microsoft Office Word 2010 软件的计算机。

掌握域和邮件合并的基础知识。域是一种占位符，是一种插入到文档中的代码，可以让用户在文档中添加各种数据或启动一个程序。在 Word 2010 中的某些功能，如日期、页码和邮件合并都是通过域来实现的。

Word 2010 的合并域功能可以将数据源引用到主文档中，合并邮件的功能可以用于下述情况：要处理的文件的主要内容基本相同，只是有一些具体数据的变化。在主文档的内容固定情况下，合并一些其他数据通信资料，如 Access 数据表、Excel 数据表等，从而可以批量处理各种文件。

邮件合并一般分为以下步骤：

① 创建主文档，输入主文档的格式和内容；

② 建立数据源，输入可改变的数据部分；

③ 连接数据源，将主文档与数据源联系起来；

④ 向主文档中插入合并域，将数据源放在主文档的相应位置；

⑤ 单击合并操作，最终形成合并文档。

实验内容

1. 插入域

在 Word 中，域作为一种占位符可以在文档的任何位置插入。下面以实用域来获得文档的创建时间为例给出在文档中插入域的方法。

(1) 打开 Word 文档，在文档中选择要插入域的位置。在“插入”选项卡的“文本”组中单击“文档部件”按钮，如图 4.12 所示，在下拉列表中选择“域”选项。

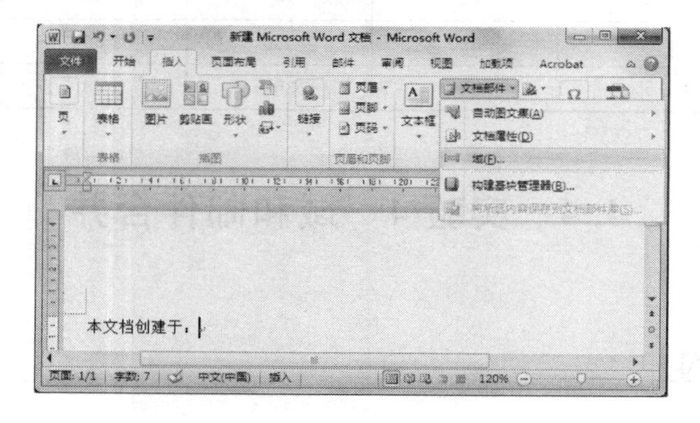

图 4.12　选择“域”选项

(2) 在打开“域”对话框(见图 4.13)中，选择“类别”下拉列表的“日期和时间”选项，在“日期格式”列表中列出了日期类型，选择需要使用的日期格式。设置完成后单击“确定”按钮关闭对话框。

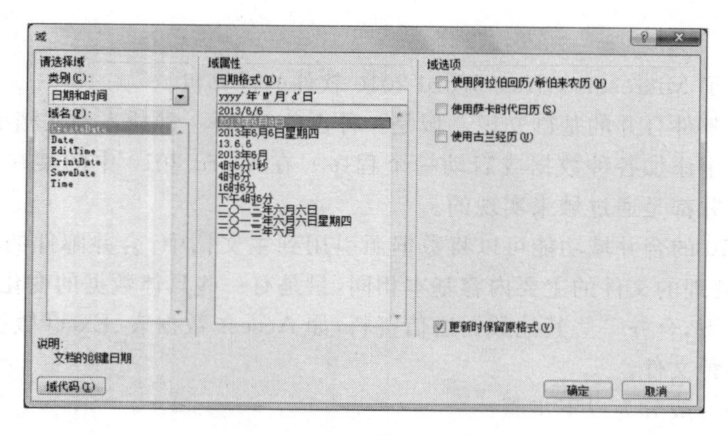

图 4.13　“域”对话框

在文档中插入域后，可以对插入的域进行编辑和修改，在插入文档的域上单击鼠标右键，选择快捷菜单中的“编辑域”命令，则打开如图 4.13 所示的对话框进行相应的修改。

2. 邮件合并

邮件合并的功能可以快捷地用于批量制作标签、工资条和成绩单等，在批量生成多个具有类似功能的文档时，邮件合并功能能够极大提高工作效率。下面以创建学生成绩单为例介绍邮件合并的功能。

批量制作学生成绩单，分为以下 5 个步骤。

(1) 第一步：创建主文档，输入主文档的格式和内容

① 创建 Word 主文档，在“页面布局”选项卡中单击“页面设置”组中“纸张大小”按钮，在下拉列表中选择“其他页面大小”命令，此时将打开“页面设置”对话框，如图 4.14 所示，在对话框中设置页面的“宽度”和“高度”值。设置完成后单击“确定”按钮关闭“页面设置”对话框。

② 在文档中创建标题和表格，如图 4.15 所示。

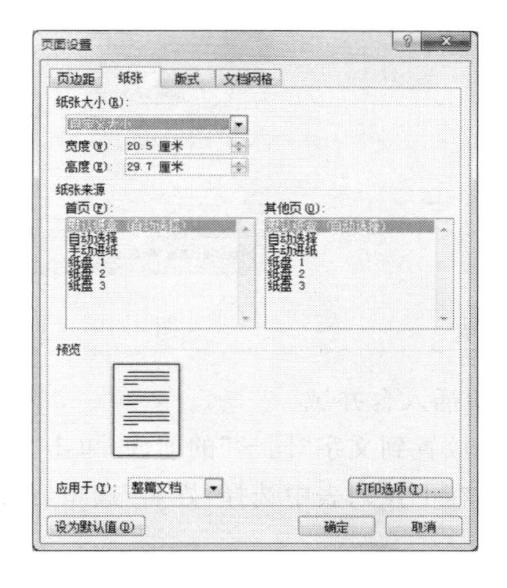

图 4.14 “页面设置”对话框

成绩单

同学

大学计算机基础	高等数学	线性代数	大学英语	思想道德修养与法律基础

图 4.15 创建标题和表格

(2) 第二步：建立数据源

① 在这里建立 Excel 数据表，表格内容即为数据源。建立学生成绩信息表“Report.xlsx”文件，信息表中第一行为标题记录，第二行为标题对应的具体数据记录，如图 4.16 所示。

② 单击“邮件”选项卡“开始邮件合并”组中的“开始邮件合并”按钮，在出现的下拉列表中选择“信函”选项，如图 4.17 所示。

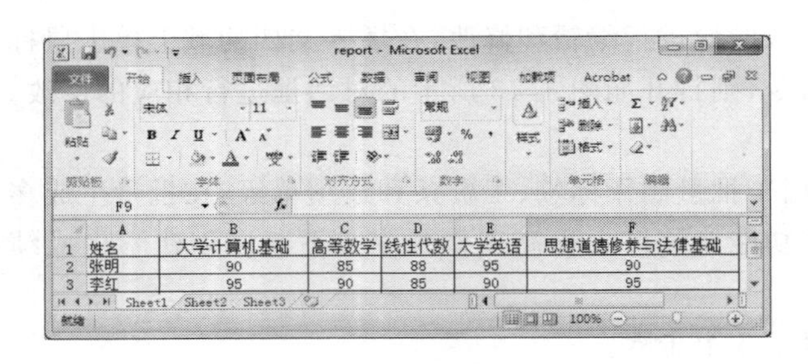

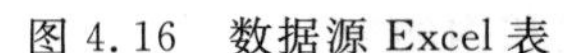
图 4.16　数据源 Excel 表

图 4.17　开始合并操作

(3) 第三步:连接数据源

单击“开始邮件合并”组中的“选择收件人”按钮,在出现的下拉列表中选择“使用现有列表”选项,如图 4.18 所示。在出现的“选择数据源”对话框中找到数据所在的 Excel 表 Repor. xlsx,然后单击“确定”按钮,出现如图 4.19 所示的“选择表格”对话框,在对话框中选择文档中的工作表,单击“确定”按钮关闭对话框。

图 4.18　“选择收件人”列表

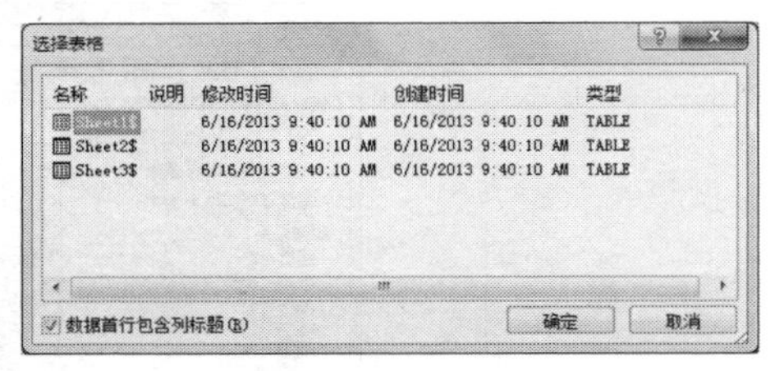

图 4.19　“选择表格”对话框

(4) 第四步:向主文档中插入合并域

在文档中将插入点光标放置到文字“同学”的前面,单击“编写与插入域”组中“插入合并域”按钮上的下三角按钮,在下拉列表中选择“姓名”选项,如图 4.20 所示。此时插入点光标处被插入一个域。

其余合并域的操作过程类似,插入完成后的表格如图 4.21 所示。

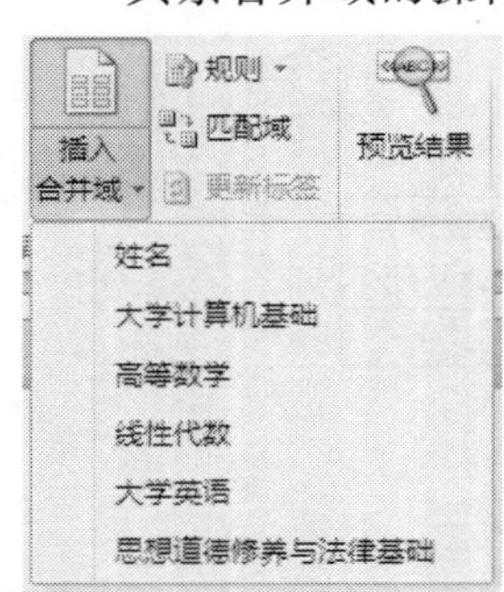

图 4.20　插入合并域操作

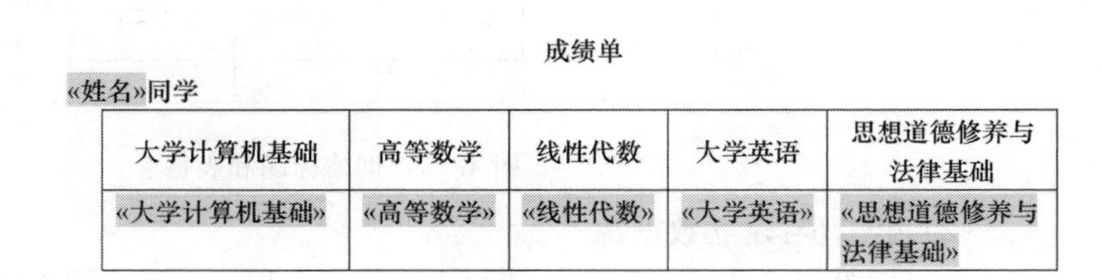
成绩单

«姓名»同学

大学计算机基础	高等数学	线性代数	大学英语	思想道德修养与法律基础
«大学计算机基础»	«高等数学»	«线性代数»	«大学英语»	«思想道德修养与法律基础»

图 4.21　插入操作完成后的表格

(5) 第五步:将数据源合并到新文档

① 单击“完成”组中的“完成并合并”按钮,在下拉列表中选择“编辑单个文档”,如

图 4.22所示。

② 在弹出的“合并到新文档”对话框中选择“全部”单选按钮，如图 4.23 所示，然后单击“确定”按钮关闭对话框。

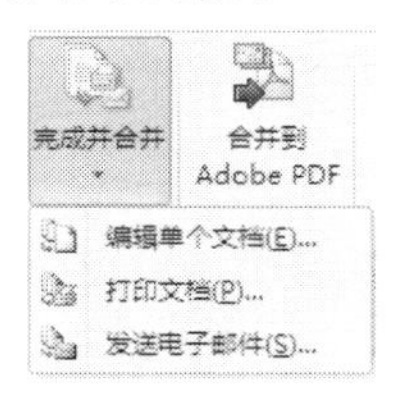

图 4.22 “完成并合并”列表

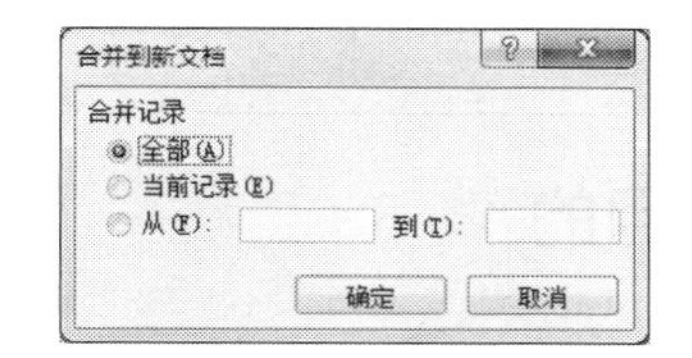

图 4.23 “合并到新文档”对话框

此时，Word 创建一个新文档，新文档按照工作表中的人名和分数信息分页填写有关内容，如图 4.24 所示。

成绩单

张明同学

大学计算机基础	高等数学	线性代数	大学英语	思想道德修养与法律基础
90	85	88	95	90

分节符(下一页)

成绩单

李红同学

大学计算机基础	高等数学	线性代数	大学英语	思想道德修养与法律基础
95	90	85	90	95

图 4.24 创建的新文档

实验作业

向学校的任课教师发送一张新年贺卡，具体过程为制作一张新年贺卡的主文档，通过邮件合并的功能，快速实现贺卡的制作。内容如下所示，其中变化的部分是教师的姓名、职称、授课学期和授课名称。

尊敬的张佳教授

您在大一上学期给我们讲授《大学计算机基础》课程，给我们留下了深刻的印象，在此新春之际，祝您新年快乐，前程似锦，合家欢乐！

2013 级 01 班全体学生敬上

4.5 实验5 宏的录制与使用

实验目的

学会 Word 2010 中宏的录制与使用方法。在 Word 2000 中，经常需要重复某个任务或同时批量执行一系列的操作，可以使用宏实现任务的自动执行。

实验准备

已经安装了 Microsoft Office Word 2010 软件的计算机。

了解 Word 中宏的基本原理。宏是一段定义好的操作，是一批指令的集合，在需要执行时可以随时运行。宏的最大意义在于能够按照设定好的顺序自动完成一系列的重复工作，从而能够节省操作时间，提高工作效率。在 Word 2010 中可以使用宏录制器录制宏的方法帮助用户迅速有效地解决文档编辑和排版过程或者其他操作中的重复操作问题。

实验内容

使用宏可以简化用户需要的一些操作，特别是重复性操作，给用户带来了方便。

1. 使用 Word 2010 宏对格式不规范的文字段落进行快速地格式化

(1) 第一步：录制宏的过程

① 选择一段格式不规范的文字段落，如文字对齐方式不对、段与段间距不同、文字类型不一致等。选中此段文字，如图 4.25 所示。

② 选择“视图”选项卡，单击“宏”组的“宏”按钮中的下三角按钮，在下拉列表中选择“录制宏”选项，设置宏名称、按钮及保存位置，如图 4.26 所示。

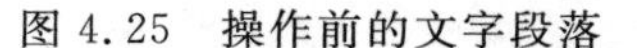

图 4.25 操作前的文字段落

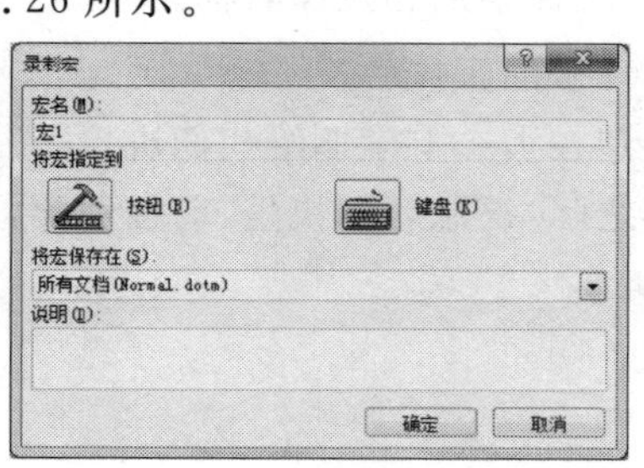

图 4.26 录制宏操作

③ 对此段文字进行一系列操作，在“开始”选项卡的“字体”组中，选择宋体、常规五号大小。在“段落”对话框中，设置对齐方式为左对齐，首行缩进两个字符，行距为 1.5 倍行距，如图 4.27 所示。操作完毕后在“视图”选项卡中，单击“宏”组的“宏”按钮中的下三角按钮，在下拉列表中选择“停止录制”。

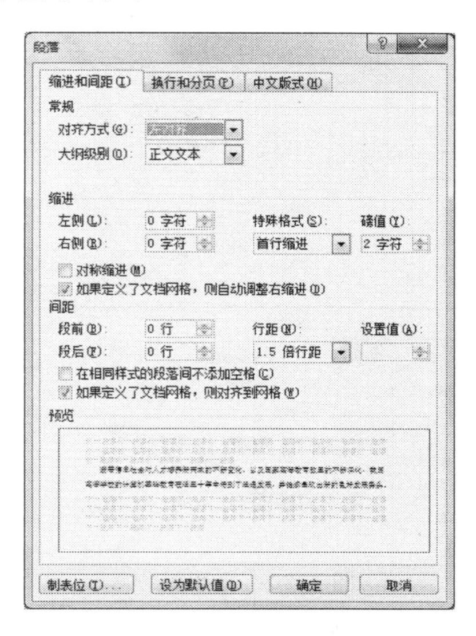

图 4.27 对文字的段落操作

(2) 第二步：使用宏的过程

选择一段格式不正规的文字段落，单击“查看宏”按钮，选中要使用的宏的名称，如图 4.28 所示，单击“运行”，即可看到文字被改成所需要的格式类型，如图 4.29 所示。

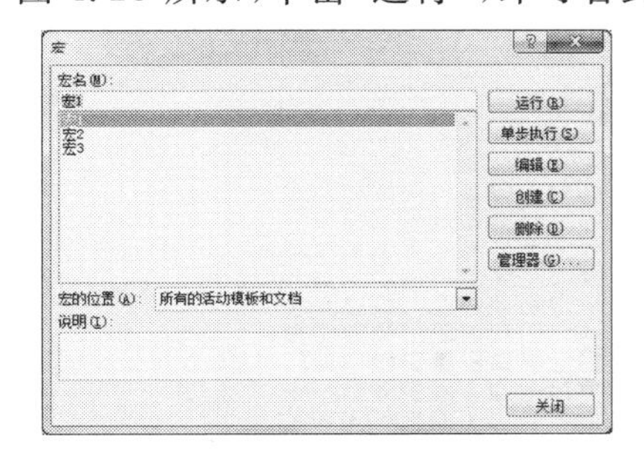

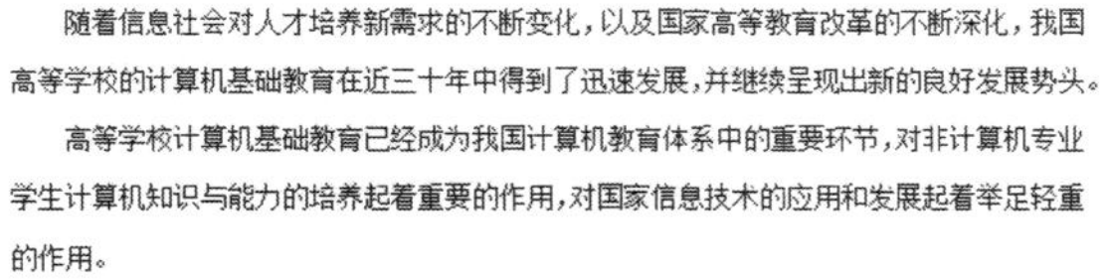

图 4.28 运行宏操作

随着信息社会对人才培养新需求的不断变化，以及国家高等教育改革的不断深化，我国高等学校的计算机基础教育在近三十年中得到了迅速发展，并继续呈现出新的良好发展势头。

高等学校计算机基础教育已经成为我国计算机教育体系中的重要环节，对非计算机专业学生计算机知识与能力的培养起着重要的作用，对国家信息技术的应用和发展起着举足轻重的作用。

图 4.29 修改完成后的文字段落

2. 用宏实现打印 Word 当前文档的当前页的操作

宏的使用不仅可以解决文档编辑和排版问题，还可以解决其他重复性操作的问题。在 Word 2010 中，要打印当前页，需要执行以下操作：单击“文件”选项卡，选择“打印”，在右侧“设置”组中，单击“打印所有页”右侧的下三角按钮，选择“打印当前页”，最后单击“打印”，才完成该项任务，比 Word 之前的版本更加烦琐，所以我们用宏来提高此操作的效率。

(1) 第一步：录制宏的过程

① 选择“视图”选项卡，单击“宏”组的“宏”按钮中的下三角按钮，在下拉列表中选择

“录制宏”选项，在出现的对话框中（参见图4.26）将宏的名称设置为“打印当前页”。

② 将打印过程重复一遍：在“文件”选项卡，选择“打印”，在“设置”组中，单击“打印所有页”右侧的下三角按钮，选择“打印当前页”，最后单击“打印”，如图4.30所示。操作完毕后选择“停止录制”。

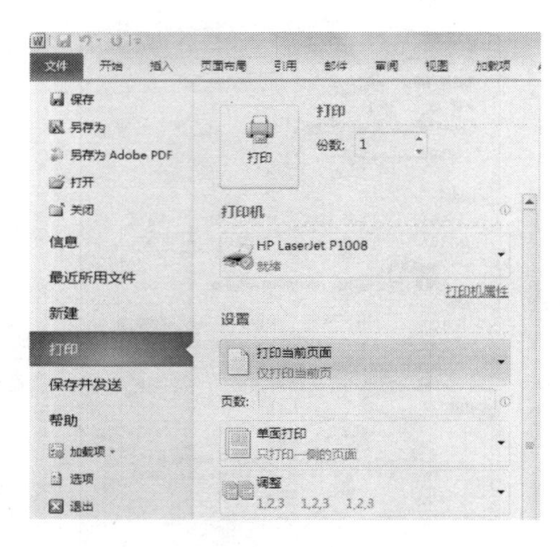

图4.30 打印操作

③ 在选项卡区域中单击鼠标右键，在出现的列表中选择“自定义快速访问工具栏”，如图4.31所示，将出现“Word选项”对话框，在该对话框中的“从下列位置选择命令”选项框中选择“宏”，然后在其下的宏列表中，选择“Normal. NewMacros. 打印当前页”，单击“添加”按钮。添加成功后会在右面的列表框中，出现“Normal. NewMacros. 打印当前页”，然后单击下面的“修改”按钮，出现“修改按钮”的图标列表框，选择一个打印的图标作为此操作的图标，如图4.32所示。

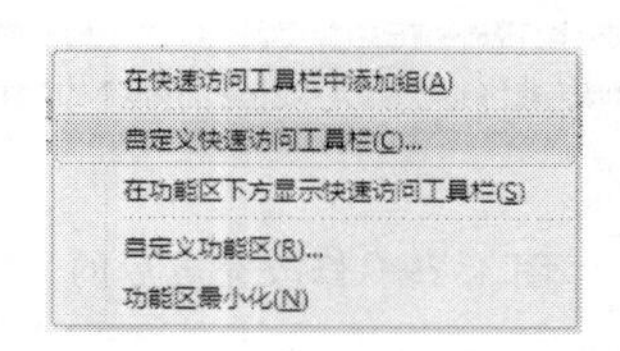

图4.31 设置自定义快速访问工具栏

图4.32 修改按钮操作

(2) 第二步：使用宏的过程

在“快速访问工具栏”区域中，单击“打印”小图标，如图4.33所示，即可快速完成打印当前页的操作。

图4.33 “快速访问工具栏”界面

实验作业

录制一段宏，实现对图片的一系列操作，包括图片大小，设置为256像素×256像素、灰度图像，图片格式为四周环绕型，并添加到“快速访问工具栏”区域中。再使用此宏完成对另一张图片的同等快速操作。

4.6 实验6 毕业论文的制作

实验目的

学会使用Word 2010对毕业设计论文进行版面设计。掌握Word中制作毕业设计论文的方法，如建立大纲视图、样式、项目符号和编号、页眉页脚、分节符、图表编号、自动生成目录等。

实验准备

已经安装了Microsoft Office Word 2010软件的计算机。

了解本科毕业设计论文的格式：本科毕业设计论文一般由封面、摘要、目录、正文、参考文献和致谢等内容组成，正文部分按照要求分为章、节和小节，一般分为三级标题，标题的编号为

1. 标题1

1.1 标题2

1.1.1 标题3

封面、摘要和目录不要加入页眉，从正文开始加入页眉，封面、摘要和目录不编页码，从正文开始编页号。

正文中插入的图表需要有编号和名称，图表的编号一般按照其在每章内的顺序来编排，图的编号在图的下方，编号规则为“图章号—图号”；表的编号在表的上方，编号规则为“表章号—表号”。

本科毕业设计论文是大学生培养的必要环节，毕业设计论文的撰写方法是每个大学生都需要掌握的技能。

实验内容

按照本科毕业设计论文的格式要求制作毕业设计论文的文档。

(1) 执行 Word 2010 程序，新建一个新 Word 文档，并将其保存为“论文.docx”。

(2) 就某一主题从 Internet 上查找相关资料，在复制相关资料时去掉原来文本的格式信息，将其整理组织成一篇论文。

(3) 在第 1 页制作封面，选择“插入”选项卡，单击“页”组中的“封面”按钮，在出现的下拉列表中选择自己喜欢的封面模板，然后写上论文的题目、作者的姓名、班级等内容，也可以使用北京邮电大学本科毕业设计论文的封面，如图 4.34 所示。

(4) 将加入点光标的位置移到第 1 页的结尾处，在“插入”选项卡中单击“页”组中的“分页”按钮，插入一个分页符。也可以使用组合键 Ctrl+Enter 加入分页符，不要使用换行的办法进行分页。

(5) 在第 2 页第 1 行居中输入“摘要”，三号黑体，空两行，对所查找的资料进行总结作为摘要，将加入点光标的位置移到第 2 页的结尾处，使用组合键 Ctrl+Enter 加入分页符。

(6) 在第 3 页第 1 行居中输入“目录”，三号黑体，空两行，选择“页面设置”选项卡，单击“页面设置”组中的“分隔符”按钮，在出现的下拉列表中选择“分节符”组中的“下一页”选项，如图 4.35 所示，添加一个分节符，这样在加入页码时就可以从正文开始编号。

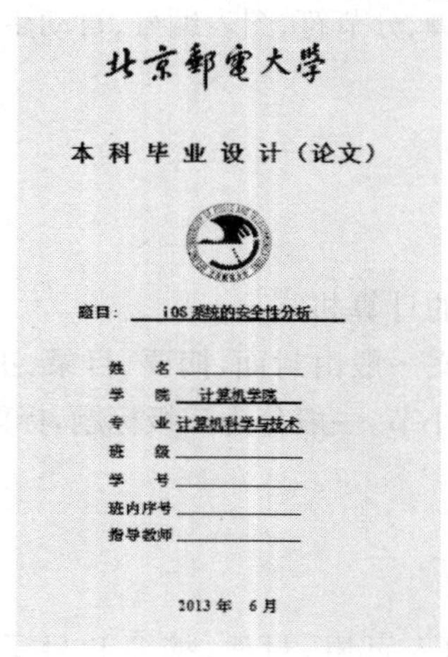

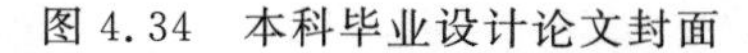
图 4.34 本科毕业设计论文封面

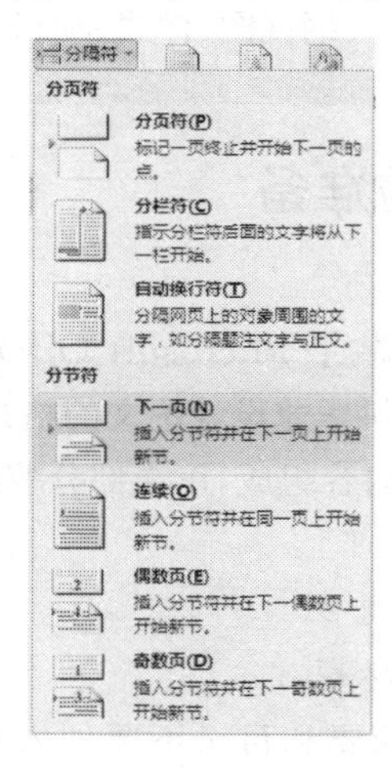

图 4.35 “分隔符”下拉列表

(7) 从第 4 页开始对所查找资料进行标题的设置。可通过下面的任意一种方法设置大纲的级别。

① 选中作为标题的文字，在“开始”选项卡中，单击“段落”组右下角的箭头，出现如图 4.36所示的对话框，在“大纲级别”下拉列表中选择相应的大纲级别。

通过在“开始”选项卡“样式”组中的标题按钮也可以设置标题的级别。

② 选择“视图”选项卡中的“大纲视图”命令，进入大纲视图模式，将插入点光标放在需要设置大纲级别的段落，单击“大纲工具”组中的“正文文本”右边的下三角按钮，在出现的下拉列表中选择相应的大纲级别，如图 4.37 所示。1 级大纲用三号黑体，2 级大纲用四号黑体，3 级大纲用小四号黑体。

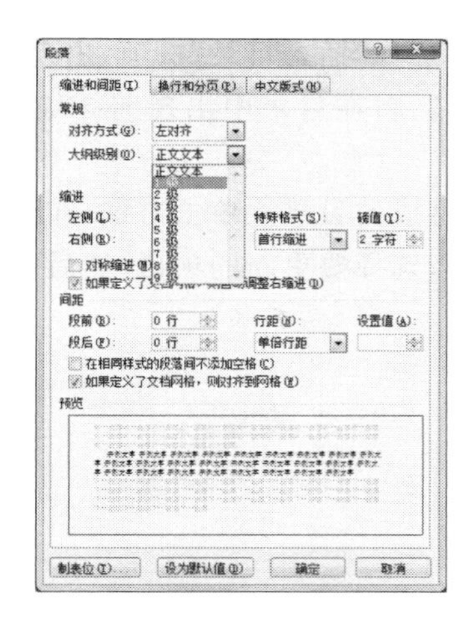

图 4.36　“段落”对话框

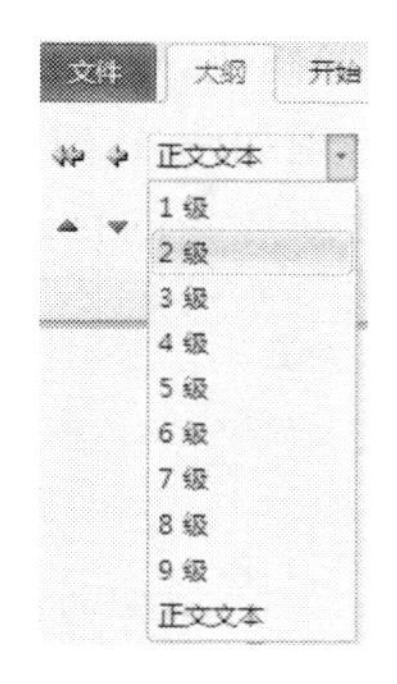

图 4.37　“大纲级别”下拉列表

(8) 将正文设置成小四号宋体，将行距设置成“固定值”，设置值为“20 磅”。

(9) 将插入点光标放在正文首页，在“插入”选项卡中单击“页眉和页脚”组的“页码”按钮，如图 4.38 所示，在下拉列表中选择“设置页面格式”选项，出现如图 4.39 所示的对话框，在“页码编号”下面的单选框中选择“起始页码”，将“起始页码”填充框中的数字设为 1，则正文从第 1 页开始编号。

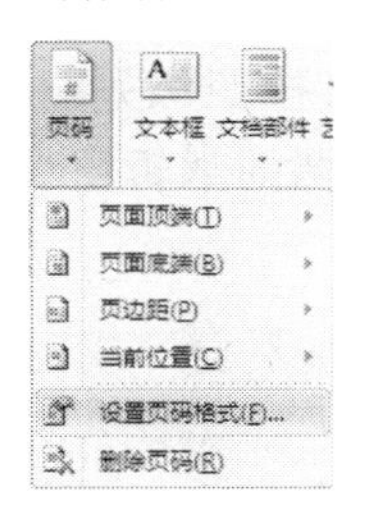

图 4.38　“页码”下拉列表

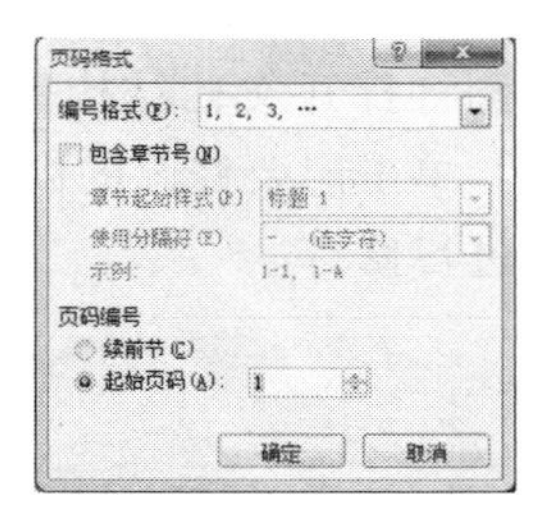

图 4.39　“页面格式”对话框

(10) 在“插入”选项卡中单击“页眉和页脚”组的“页眉”按钮，在下拉列表中选择需要使用的格式。此时功能区出现“页眉和页脚工具-设计”选项卡，文档编辑区出现页眉的编辑框，将“页眉和页脚工具-设计”选项卡“选项”组中的“奇偶页不同”选中，如图 4.40 所示，在页眉的编辑框中分别输入奇偶页的页眉。输入完成后在文档的任意位置双击，可返回到文档的编辑状态，按同样的方法可输入页脚。

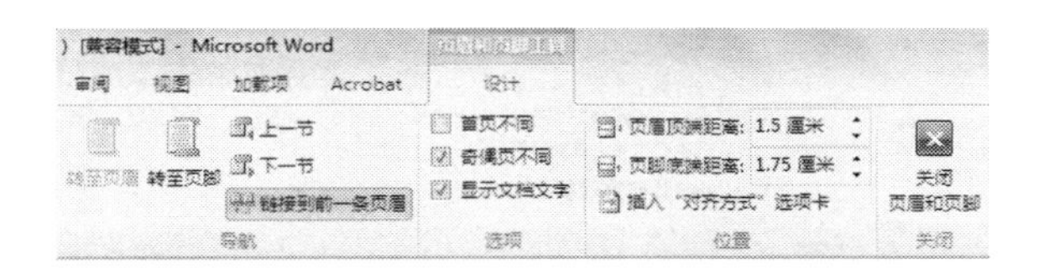

图 4.40　选择奇偶页不同

(11) 选择第 3 页的“目录”，将插入点光标放在要插入目录的位置。选择“引用”选项卡，单击“目录”组中的“目录”按钮，在下拉列表中选择“插入目录”选项，出现如图 4.41 所示的对话框，将“显示级别”填充框中的数字设为 3，将在目录中出现前 3 级大纲，然后单击“确定”按钮，则在当前页自动生成目录。

如果对正文进行了修改，可将光标放在自动生成的目录上单击右键，在弹出的快捷菜单中选择“更新域”，出现如图 4.42 所示的对话框，选择要更新的项目，然后单击“确定”按钮，则将原来的目录更新成新的目录。

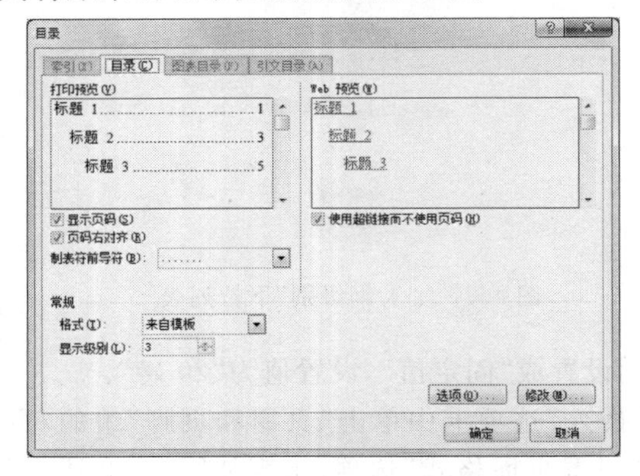

图 4.41 “目录”对话框

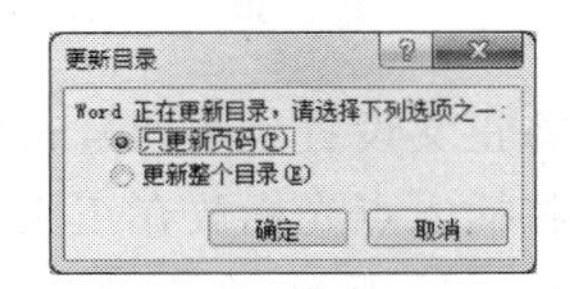

图 4.42 “更新目录”对话框

(12) 选择“视图”选项卡，在“页面视图”模式下勾选“显示”组中的“导航窗格”复选框，在文档窗口左侧将打开文档结构图，在导航窗格中将按照级别显示文档中的所有大纲，如图 4.43 所示，单击想要修改的内容的标题，则在文档的编辑窗口出现该部分的文档内容，便于对文档进行修订。

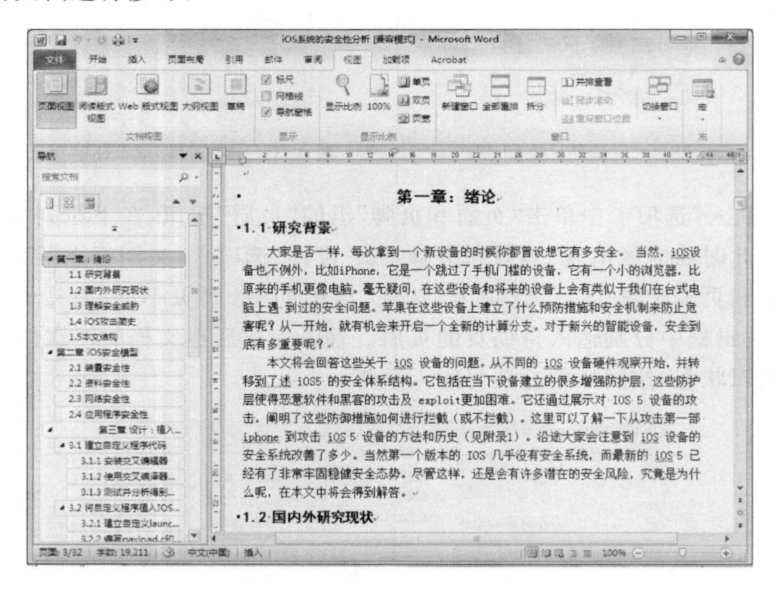

图 4.43 “导航”窗格

实验作业

试着撰写一篇论文，至少5页内容，包含图片（或图形）、表格和数学公式，大纲要求到3级，1级大纲用三号黑体，2级大纲用四号黑体，3级大纲用小四号黑体，正文用小四号宋体，行间距为20磅的固定值，居中插入页码，插入页眉，要求奇偶页的页眉内容不同，自动生成目录，并通过E-mail方式发送给任课教师。

第5章 演示文稿实验

5.1 实验1 演示文稿基本制作

实验目的

掌握演示文稿的一般制作步骤，掌握在幻灯片中输入文本和编辑文本的方法，掌握幻灯片的保存方法。

实验准备

已经安装了 Microsoft Office PowerPoint 2010 软件的计算机。

实验内容

制作一个题为“长城旅游”的演示文稿。

1. 启动 PowerPoint

执行操作“开始”→“所有程序”→“Microsoft Office”→选择“Microsoft PowerPoint 2010”，如图 5.1 所示，此时打开一页空演示文稿，如图 5.2 所示。

2. 制作第一页幻灯片

(1) 通过占位符输入文字并编辑

① 单击占位符，此时会出现闪烁的光标，在光标处输入文字“长城”。

② 选中文字“长城”。

③ 利用“开始”菜单中的选项对文字进行处理。要求字体为“华文行楷”（如图 5.3 所示）、大小为 96、颜色为深蓝色、居中。

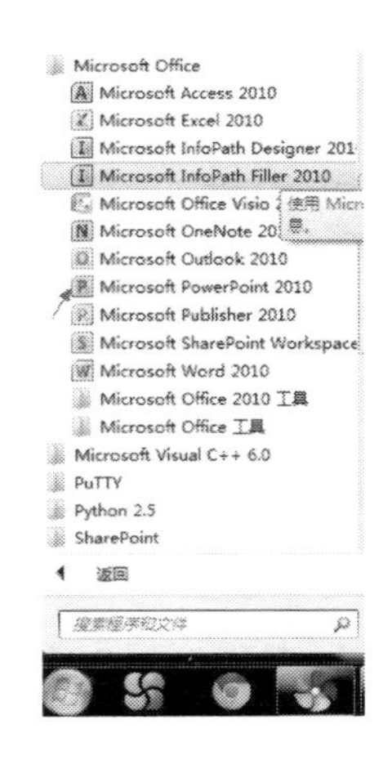

图 5.1　启动 PowerPoint 2010

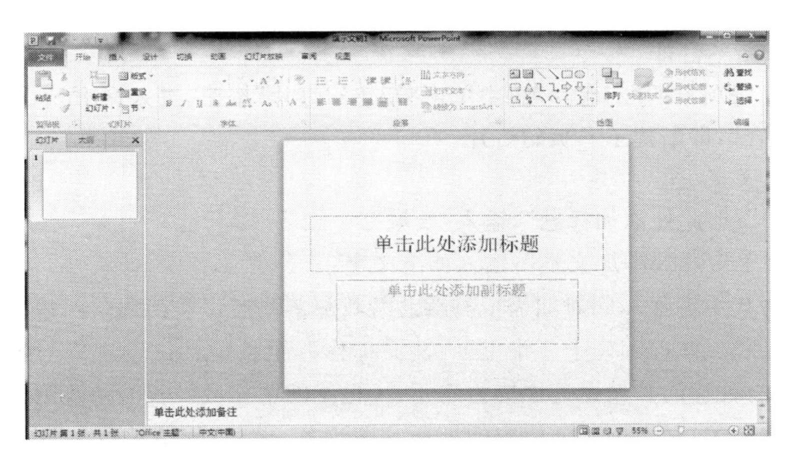

图 5.2　空演示文稿

(2) 通过占位符输入文字

① 在“插入”选项卡的“文本”组中单击“文本框”按钮，在展开的下拉列表中选择一种艺术字样式。

② 把文本框放到合适的位置，输入文字“作者梁馨”。

③ 选中文本，设置格式如下：加粗、宋体、字号 36。

(3) 插入艺术字

① 在“插入”选项卡的“文本”组中单击“艺术字”按钮，在展开的下拉列表中选择一种艺术字样式，此时在幻灯片上出现“请在此位置放置您的文字”。

② 在出现的文本框中输入文字“北京旅游”。

③ 选中艺术字“北京旅游”，在“格式”选项卡中的“形式样式”组，对艺术字的“填充样式”、“形状填充”、“形状轮廓”、“形状效果”进行设置。

④ 将艺术字拖到左上角位置。第一页幻灯片整体效果如图 5.4 所示。

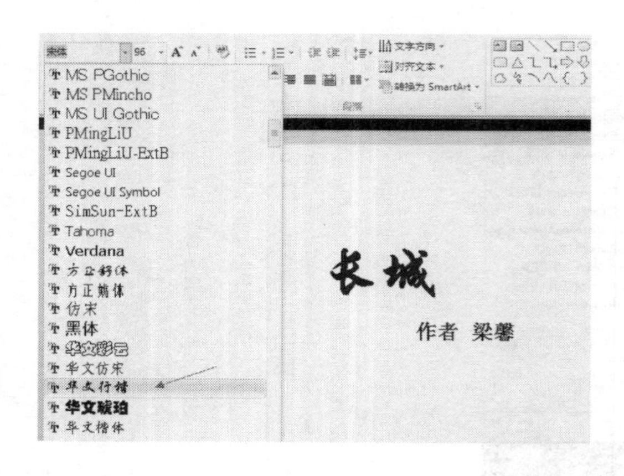

图 5.3　设置字体

图 5.4　第一页幻灯片

3. 制作第二页幻灯片

(1) 插入新幻灯片

在“开始”选项卡的“幻灯片”组中单击“新建幻灯片”按钮，进入“Office 主题”界面，选择“标题和内容”，即新建了一页幻灯片。

(2) 插入文字

① 单击“添加此处添加标题”，输入“长城”。

② 单击“单击此处添加文本”，输入如下文字：

长城是古代中国在不同时期为抵御塞北游牧部落联盟侵袭而修筑的规模浩大的军事工程的统称。长城东西绵延上万华里，因此又称作万里长城。长城建筑于两千多年前的春秋战国时代，现存的长城遗迹主要为建于 14 世纪的明长城。长城是我国古代劳动人民创造的伟大的奇迹，是中国悠久历史的见证。1987 年 12 月，长城被列为世界文化遗产。

(3) 调整文字类别、字体的颜色和大小、段落，使其美观。

4. 制作第三页幻灯片

① 插入第三页新的空白幻灯片。

② 在网上找一张长城的图片。

③ 在“插入”选项卡的“图像”组中单击“图片”按钮，在出现的“插入图片”对话框中，找到长城图片存放的位置，如图 5.5 所示。

④ 单击“插入”按钮。

⑤ 拉伸插入的图片，使其大小与幻灯片大小相同。

⑥ 插入艺术字“谢谢”，第三页幻灯片效果图如图 5.6 所示。

5. 保存幻灯片

在“文件”选项卡中，选择“保存”，在出现的“另存为”对话框中(如图 5.7 所示)，确定的存储位置，填写文件名，选择保存类型，单击“确定”。

图 5.5　插入图片

图 5.6　第三页幻灯片

图 5.7　保存界面

实验作业

制作一个介绍自己学校的演示文稿。

5.2　实验 2　幻灯片中对象的编辑和设置

实验目的

掌握在幻灯片中插入 SmartArt、图片、表格、图表等对象，对其格式进行调整，熟悉设置幻灯片的背景。

实验准备

已经安装了 Microsoft Office PowerPoint 2010 软件的计算机。

实验内容

用不同的对象来制作一个介绍我国四大发明的演示文稿。

1. SmartArt

(1) 新建一页空白幻灯片。

(2) 在“插入”选项卡中“插图”组中，单击“SmartArt”按钮，在出现“选择 SmartArt 图形”对话框中，选择“射线维恩图”，单击“确定”，如图 5.8 所示。

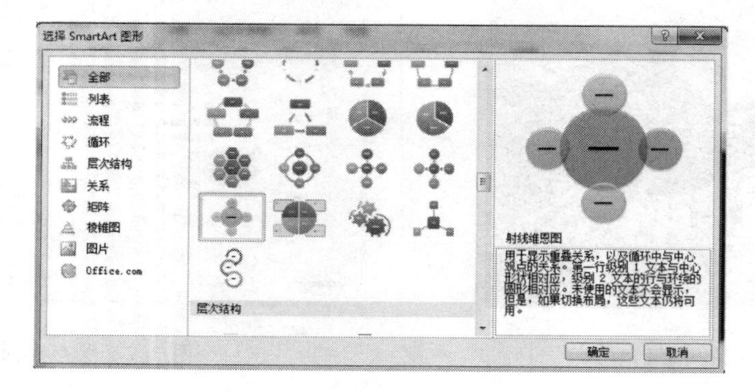

图 5.8 插入 SmartArt 图

(3) 在出现的文本输入框中输入“四大发明”、“火药”、“指南针”、“活字印刷术”、“造纸术”，如图 5.9 所示。

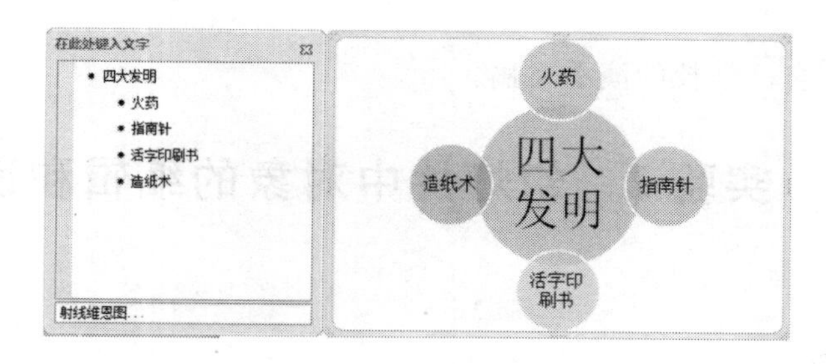

图 5.9 在 SmartArt 图形中添加文字

(4) 改变 SmartArt 颜色。选中刚插入的 SmartArt 文字，选择菜单栏“SmartArt”中的“设计”选项，单击“更改颜色”按钮，在出现的选项中选择一项，如图 5.10 所示。

(5) 设置幻灯片背景

① 在幻灯片空白处,单击右键,单击“设置背景格式”命令,如图 5.11 所示。

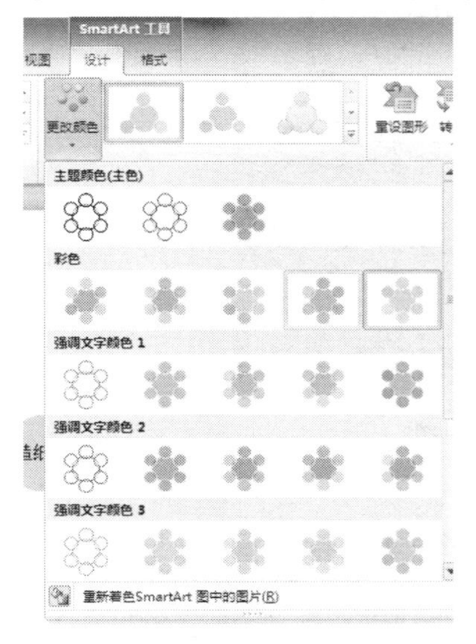

图 5.10 利用 SmartArt 工具改变颜色

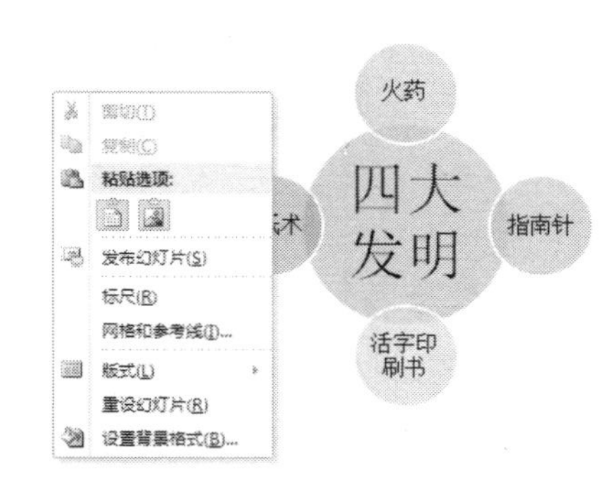

图 5.11 启动“设置背景格式”选项

② 在出现的“设置背景格式”对话框中的“填充”选项卡中,选择“图片或纹理填充”,单击“纹理”右边的框,如图 5.12 所示,选择其中一项,单击“关闭”,效果如图 5.13 所示。

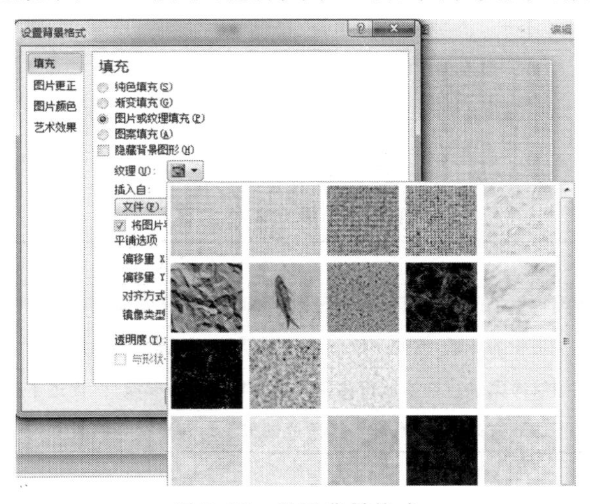

图 5.12 设置背景格式

2. 表格

(1) 新建一页空白幻灯片。

(2) 在“插入”选项卡中的“表格”组中单击“表格”,移动鼠标,创建 3×5 表格,如图 5.14 所示。

(3) 输入文字,如表 5.1 所示。

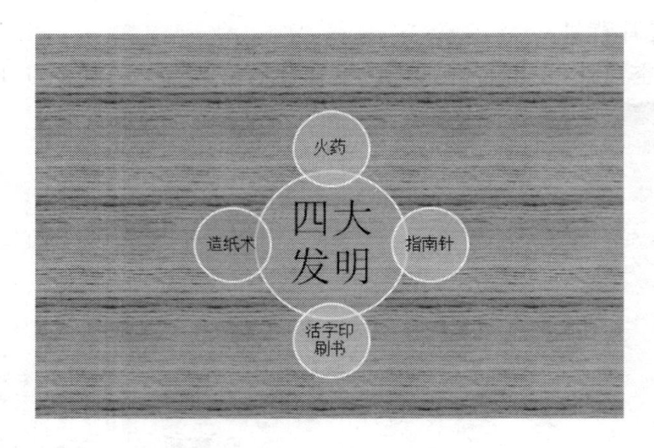

图 5.13　纹理填充效果图

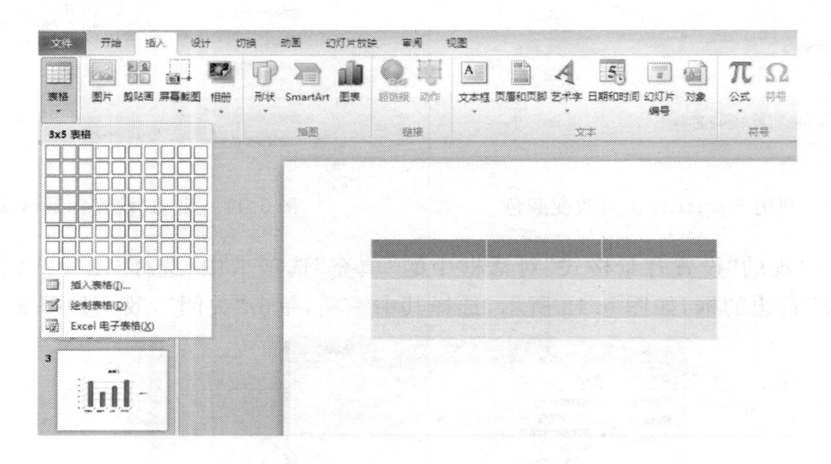

图 5.14　插入表格

表 5.1　填充表格内容

发　明	历史意义
造纸术	为人类提供了经济、便利的书写材料，掀起一场人类文字载体革命
印刷术	加快了文化的传播，改变了欧洲只有上等人才能读书的状况
指南针	为欧洲航海家进行环球航行和发现美洲提供了重要条件，促进了世界贸易的发展
火药	改变了作战方式，帮助欧洲资产阶级摧毁了封建堡垒，加速了欧洲的历史进程

(4) 美化表格。

① 单击表格选中表格，在菜单栏“表格工具”中选择“设计”，单击“表格样式”组的右下角下拉箭头，在出现的表格样式中选择其中一个，如图 5.15 所示。

② 对表格的第一行，进行居中、加粗操作。

③ 对第一列中的“造纸术”、“印刷术”、“指南针”、“火药”进行加粗、黑色居中操作。

(5) 插入图片作为背景。

① 找一张有关四大发明的图片。

② 执行操作“插入”→“图片”，调整插入的图片位置，单击图片，右击，在“置于底层”中选择“置于底层”，如图 5.16 所示。

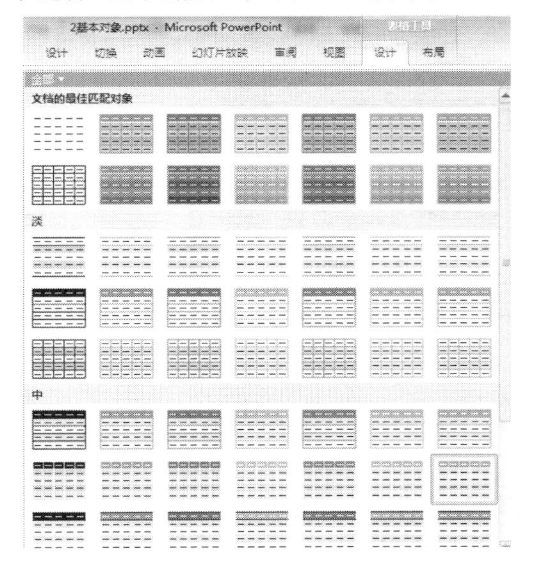

图 5.15　选择表格样式

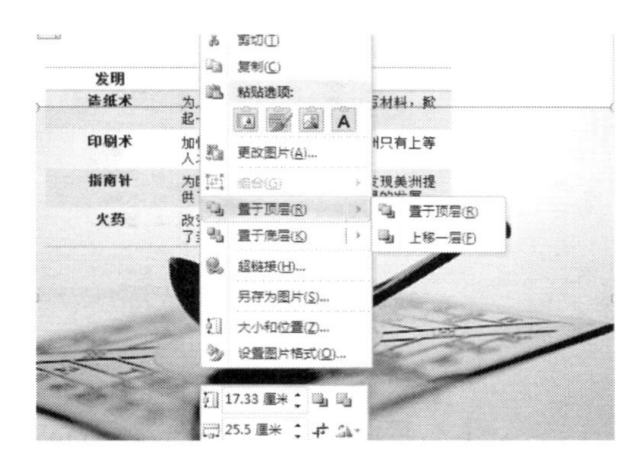

图 5.16　图片置于底层

(6) 添加标题“四大发明”，效果图如图 5.17 所示。

图 5.17　表格展示

3. 图表

(1) 新建一页空白幻灯片。

(2) 在“插入”选项卡的“插图”组中选择“图表”按钮，在得到的“插入图表”对话框中，选择一种柱状图，如图 5.18 所示，单击“确定”。

(3) 在出现的表格中输入相关数据。

① 在第一列中，分别填写“指南针”、“造纸术”、“火药”、“印刷术”。

② 拖动右下角的区域，调整图表数据的大小。

③ 填写完毕后，关闭表格。

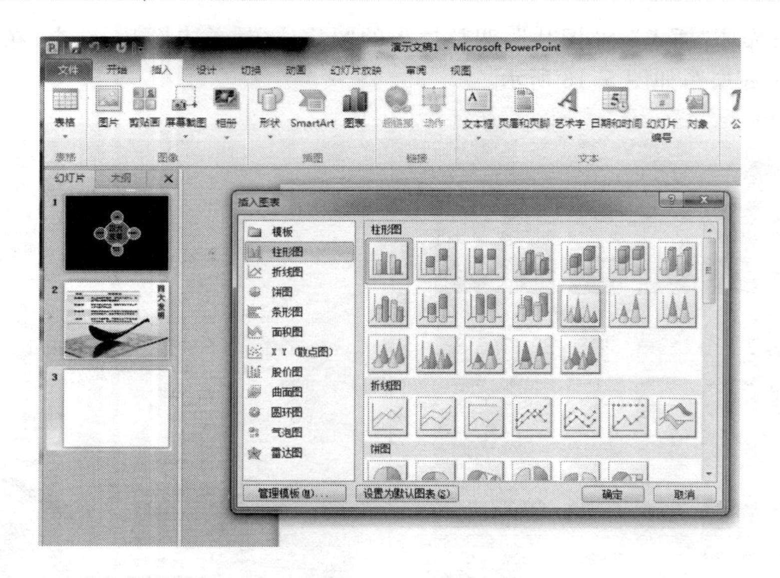

图 5.18 “插入图表”对话框

④ 单击图表样式的下拉箭头▾,可以改变图表样式,如图 5.19 所示。

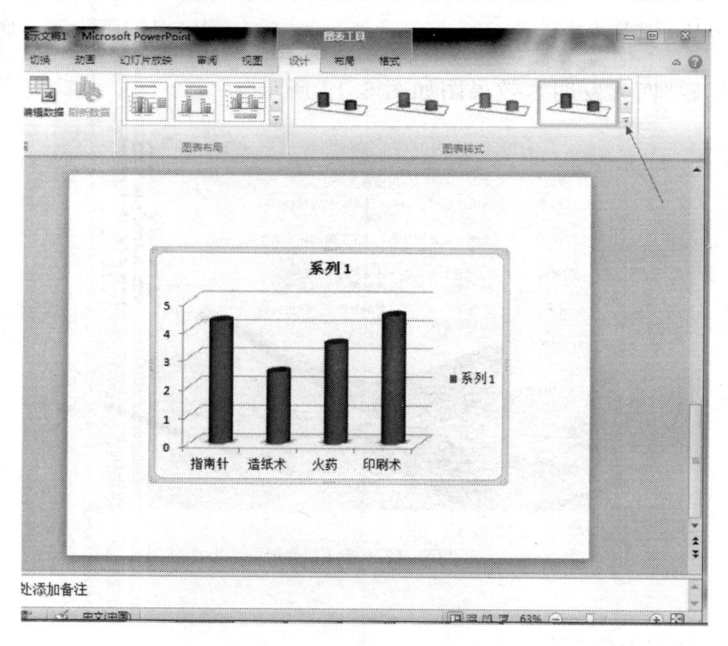

图 5.19 改变图表样式

实验作业

利用 SmartArt、图片、表格、图表等美化介绍自己学校的演示文稿。

5.3 实验3 动画和切换

实验目的

熟悉PowerPoint演示文稿的幻灯片自定义动画设计；掌握幻灯片的超链接技术；能熟练地在幻灯片中插入声音、视频等对象，并能正确设置其属性；掌握幻灯片页眉、页脚信息的添加方法。

实验准备

已经安装了Microsoft Office PowerPoint 2010软件的计算机。有关唐诗的文字、音频、视频、图片资料。

实验内容

1. 制作第一页幻灯片

第一页幻灯片的动画要求见表5.2。

表5.2 第一页幻灯片动画要求

对象	动画顺序	动画启动方式	动画效果	效果细节
艺术字“唐诗”	1	从上一项开始	飞入	自左下方
艺术字“赏析”	2	从上一项之后开始	飞入	自右方
艺术字“赏析”	3	从上一项之后开始	旋转	默认

(1) 从网上找一张图片，插入作为幻灯片背景图片。

(2) 插入艺术字“唐诗”。

(3) 选中艺术字“唐诗”，在“动画”选项卡的“动画”组中，选择“飞入”。

(4) 在“动画”选项卡的“动画”组中，单击“效果选项”按钮，在出现的下拉菜单中选择“自左下部”，如图5.20所示。

(5) 在“动画”选项卡的“高级动画”组中，单击“动画窗格”按钮，如图5.21所示。

(6) 在动画窗格中，选择第一项，单击下拉箭头，如图5.22所示。

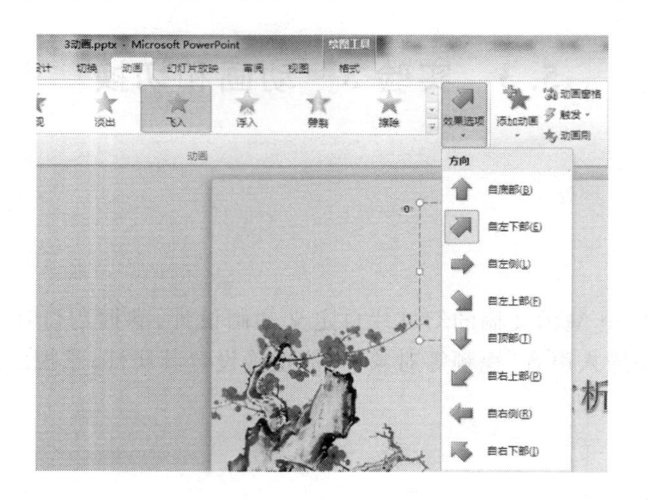

图 5.20 效果选项

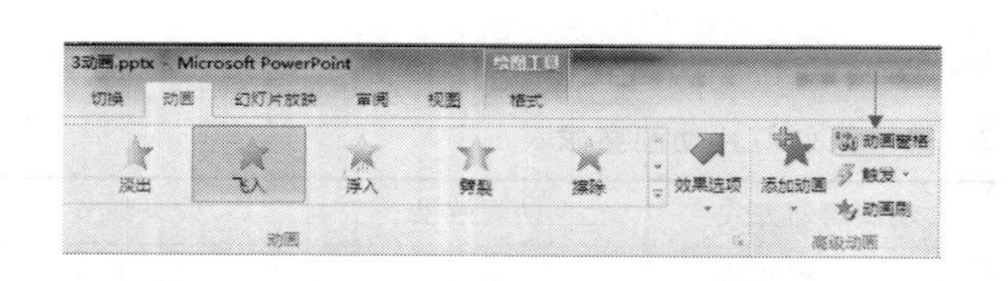

图 5.21 动画窗格

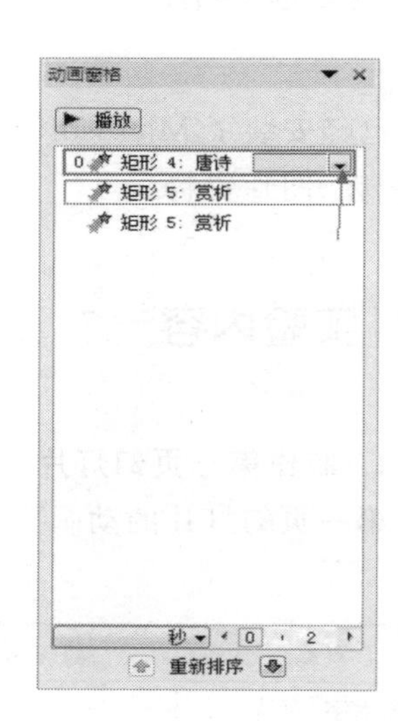

图 5.22 自定义动画

(7) 在出现的下拉菜单中，选择“从上一项开始”，单击“计时”，在出现的“飞入”对话框内选择“计时”标签，单击“期间”下拉箭头，选择“非常慢”，之后单击“确定”。

(8) 插入艺术字“赏析”。

(9) 选中“赏析”，执行“动画”→“飞入”，效果选项选择“自右部”。

(10) 在动画窗格中，选中第二项下拉菜单中，选择“从上一项之后开始”，计时选择“很快”。

(11) 选中“赏析”，在“动画”选项卡的“高级动画”组中，单击“添加动画”按钮，在出现的下拉菜单中，在“进入”组选择“旋转”。

(12) 在“动画窗格”的第三项下拉菜单中，选择“从上一项之后开始”。

(13) 单击“幻灯片放映”按钮，观看效果，如图 5.23 所示。

图 5.23　“幻灯片放映”按键

2. 制作第二页幻灯片

第二页幻灯片的要求见表 5.3。

表 5.3　第二页效果要求

对　象	内　容	效果细节
背景图像	一张含有唐诗的图片	无
超链接	中国诗歌网	单击“中国诗歌网”，链接到中国诗歌网网站
背景音乐	轻音乐	自动播放
添加视频	诗词介绍视频	单击进行视频观看

(1) 插入背景图片。

在网上找一张含有唐诗的图片，插入到幻灯片作为背景。

(2) 添加超链接。

① 在幻灯片中添加文字“中国诗歌网”。

② 选中文字“中国诗歌网”，在“插入”选项卡的“链接”组，单击“超链接”，在出现的“编辑超链接”对话框内，单击“现有文件或网页”按钮，在地址处输入“http://www.poetry-cn.com/”，如图 5.24 所示。

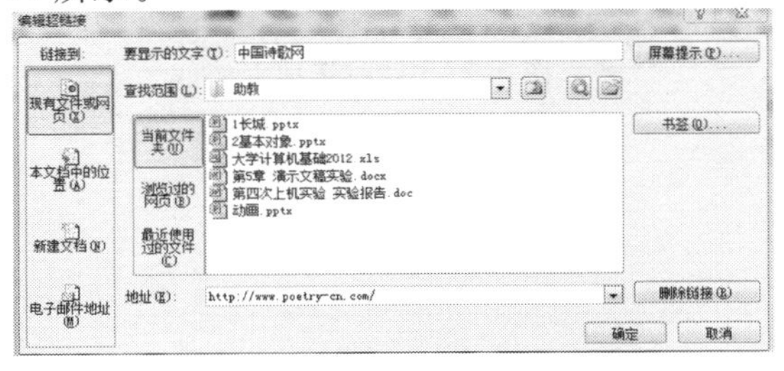

图 5.24　“编辑超链接”对话框

(3) 添加背景音乐。

① 在网上找一首轻音乐作为背景音乐。

② 在“插入”选项卡中的“媒体”组中，单击“音频”按钮，在出现的对话框内选择“文件中的音频”，在出现的“插入音频”对话框内，找到目标音乐所在位置，单击“插入”。

(4) 添加视频。

① 选择“插入”选项卡的“媒体”组中，单击“视频”按钮，在弹出的菜单中选“剪贴画视频”选项。

② 完成上一步骤后，将弹出“剪贴画”窗格，在窗格中选择一个视频之后单击，即可以在当前幻灯片中插入视频。

3. 添加编辑切换效果

(1) 选择一页幻灯片，选择“切换”选项卡，单击“切换到此幻灯片”右侧的下拉箭头，如图 5.25 所示。

图 5.25　添加切换效果

(2) 在展开的菜单中，选择一种切换方式。

(3) 单击“切换”选项卡中的“切换到此幻灯片”组中的“效果选项”，如图 5.26 箭头所示，对刚插入的切换效果进行编辑。

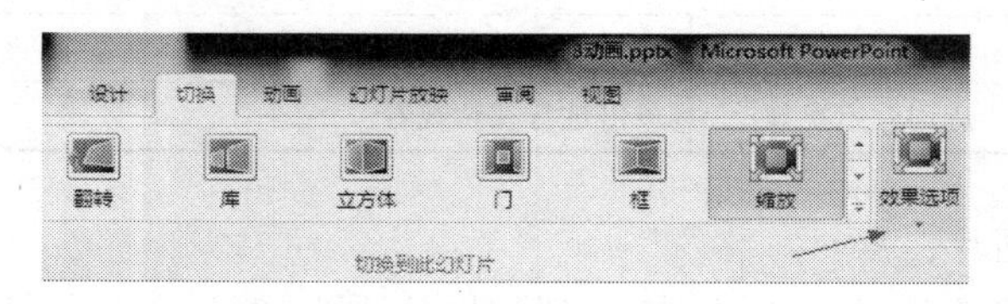

图 5.26　效果选项

(4) 根据需求，可以改变换片方式、声音等选项，如图 5.27 所示。

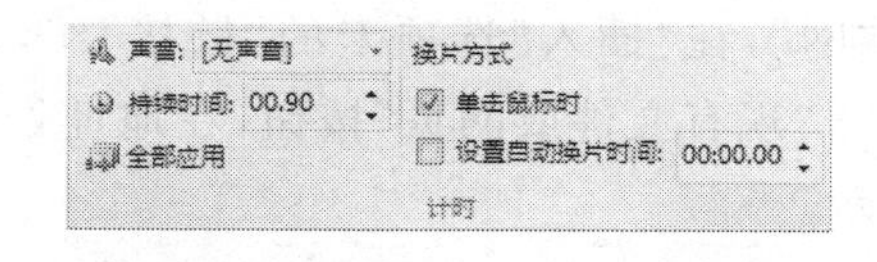

图 5.27　计时选项卡

(5) 观看放映效果。

实验作业

在介绍自己学校的演示文稿中，设计幻灯片中的动画，插入超链接、声音、视频、页眉、页脚等信息。

5.4　实验4　放映与共享演示文稿

实验目的

掌握PowerPoint中幻灯片的放映属性的设置，掌握在幻灯片放映过程中的控制，会共享演示文稿。

实验准备

已经安装了Microsoft Office PowerPoint 2010软件的计算机。

实验内容

1. 设置不同的放映方式

(1) 从头开始放映。

打开已经制作的幻灯片，可以利用以下两种方式：

- 在"幻灯片放映"选项卡中的"开始放映幻灯片"组，单击"从头开始"；
- 使用快捷键F5。

(2) 从当前幻灯片开始播放。

打开制作的幻灯片，可以利用以下3种方式：

- 在"幻灯片放映"选项卡中的"开始放映幻灯片"组，单击"从当前幻灯片开始"；
- 使用快捷键Shift + F5；
- 使用下方状态栏中的幻灯片放映按钮。

(3) 自定义播放顺序和播放范围。

① 在"幻灯片放映"选项卡中的"开始放映幻灯片"组，单击"自定义幻灯片放映"按钮，从弹出的菜单中选择"自定义放映"选项，打开"自定义放映"对话框，如图5.28所示。

② 单击"新建"按钮，打开"定义自定义放映"对话框，如图5.29所示。

图 5.28 “自定义放映”对话框

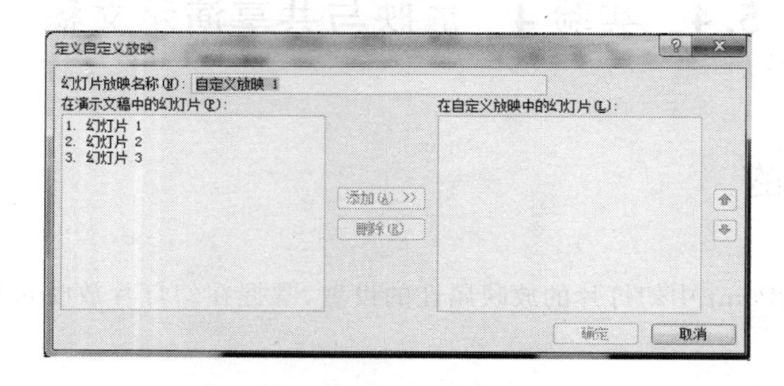

图 5.29 “定义自定义放映”对话框

③ 在“幻灯片放映名称”文本框中，输入名称，比如“my_select”。

④ 选中要播放的幻灯片，单击“添加”按钮，就出现在右边的显示框中，选择完毕后，单击“确定”按钮。

⑤ 观看自定义的幻灯片，在“幻灯片放映”选项卡中的“开始放映幻灯片”组，单击“自定义幻灯片”，此时在出现的菜单中，选择自己定义的幻灯片“my_select”。

2. 隐藏幻灯片

选择要隐藏的幻灯片，在“幻灯片放映”选项卡中的“设置”项中，选择“隐藏幻灯片”，这样设置在放映时就不会出现隐藏的幻灯片了。

3. 排练计时

(1) 在“幻灯片放映”选项卡中的“设置”项中，选择“排练计时”，就可以进入幻灯片的播放状态，在窗口处会出现一个如图 5.30所示的对话框。

图 5.30 “录制”对话框

(2) 录制完成后，出现一个信息提示框，单击“是”，保存排练计时。

4. 放映中的控制

(1) 前后翻页。

幻灯片进入放映后，可以通过多种方法进行前后翻页：

① 单击鼠标向后翻页。

② 利用鼠标中间的滚珠，可以实现向前和向后翻页。

③ 利用右键的快捷菜单中的“上一张”、“下一张”命令进行翻页。

④ 利用空格键或回车键进行向后翻页。

⑤ 利用方向键的向上↑和向下↓可以实现向前和向后翻页。

⑥ 利用 PageUp 键和 PageDown 键实现向前和向后翻页。

(2) 幻灯片定位。

幻灯片进入放映后,可以通过多种方法进行幻灯片快速定位。

① 右击鼠标,在随后出现的菜单中,选择“定位至幻灯片”,选择要定位的幻灯片。

② 如果知道要跳转的幻灯片序号,可以用键盘直接输入定位的幻灯片序号,然后按回车键。

③ 如果跳转的幻灯片是固定的,制作时可以通过超级链接将两个幻灯片链接起来。例如,实现从第一页幻灯片到第三页幻灯片的固定链接,实现过程如下:

- 选中第一页幻灯片中的任意对象(图片、文本或插入的一个图形);
- 在“插入”选项中的“链接”组中选择“超链接”(或直接使用快捷键 Ctrl+K);
- 在打开的对话框中,选择“本文档的位置”标签,在如图 5.31 所示的中间部分中选择第三页幻灯片,单击“确定”;
- 播放幻灯片,当鼠标经过刚才选中的对象时,鼠标变成小手状,单击就可以链接到目标幻灯片。

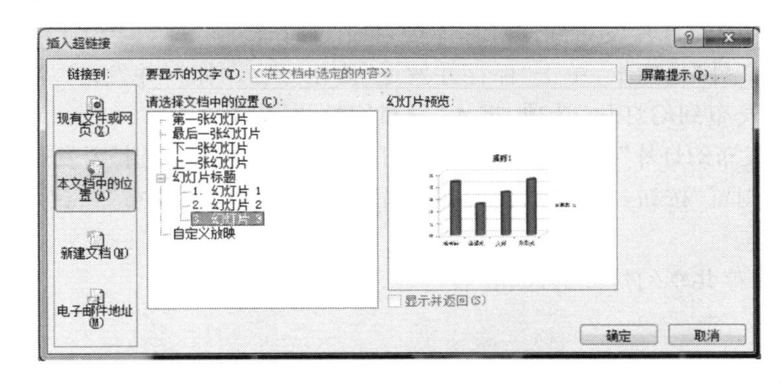

图 5.31 添加本文档中的超链接

(3) 播放中查看帮助。

在播放中,按快捷键 F1,就出现如图 5.32 所示的帮助菜单。

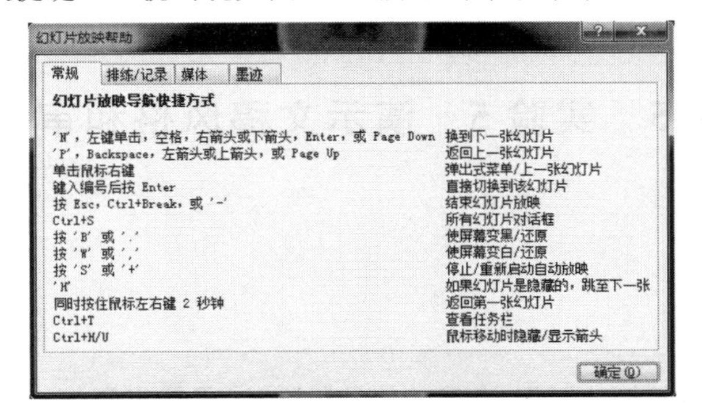

图 5.32 幻灯片放映帮助

(4) 播放中对幻灯片进行标注。

单击右键,选择“指针”选项,出现如图 5.33 所示的菜单中,可以根据需求选择合适的标记工具。

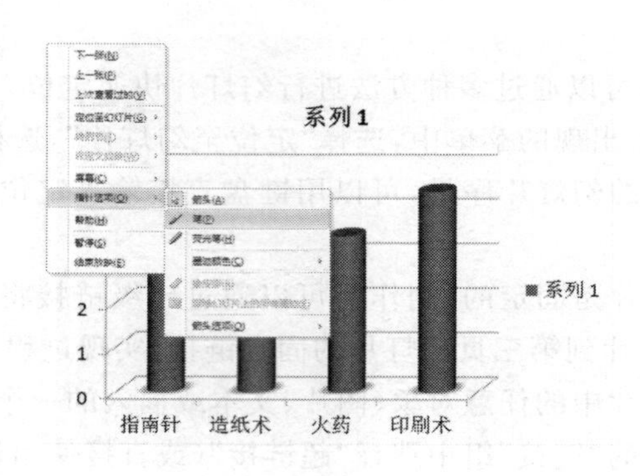

图 5.33　使用标记工具

(5) 结束放映。

单击右键,选择“结束放映”,或直接利用快捷键 Esc 退出放映。

5. 共享演示文稿

将一些常用的幻灯片发布到幻灯片库中,操作如下。

(1) 选择“文件”选项卡,单击“保存并发送”按钮,进入“保存并发送”界面。

(2) 单击“发布到幻灯片”选项,进入“发布幻灯片”界面。

(3) 单击“发布幻灯片”按钮,打开“发布幻灯片”对话框,在其中选择要发布的幻灯片。

(4) 单击“浏览”按钮,弹出“选择幻灯片库”对话框,单击“发布”按钮,即可以完成幻灯片的发布操作。

(5) 进入保存共享幻灯片的库,查看已存入的幻灯片。

实验作业

对于介绍自己学校的演示文稿,设置的不同放映方式,练习使用幻灯片的排练计时,幻灯片在放映过程中的控制,共享演示文稿。

5.5　实验 5　演示文稿风格和审阅

实验目的

会使用模板进行幻灯片制作,会简单的母版设计,了解审阅演示文稿的使用,掌握保护演示文稿的方法。

实验准备

已经安装了 Microsoft Office PowerPoint 2010 软件的计算机。

实验内容

1. 使用模板制作幻灯片

(1) 在“文件”选项卡中单击“新建”按钮。

(2) 在“可用的模板和主体”中选择“样本模板”,如图 5.34 所示。

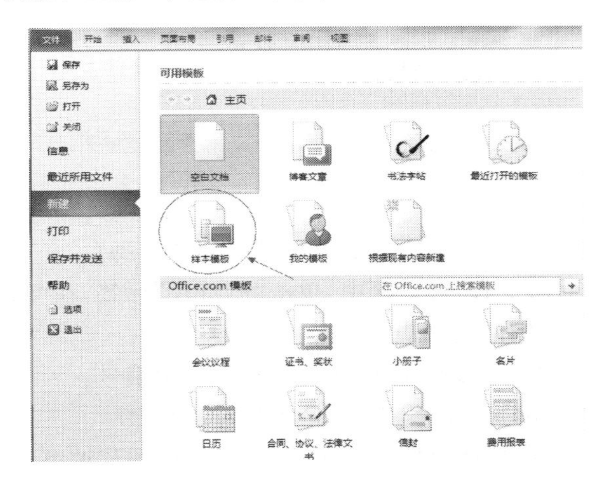

图 5.34 样本模板位置

(3) 在出现的模板中,选择“现代型相册”。

(4) 在最右侧的一栏中,单击“现代型相册”的下方的“创建”按钮,如图 5.35 所示。

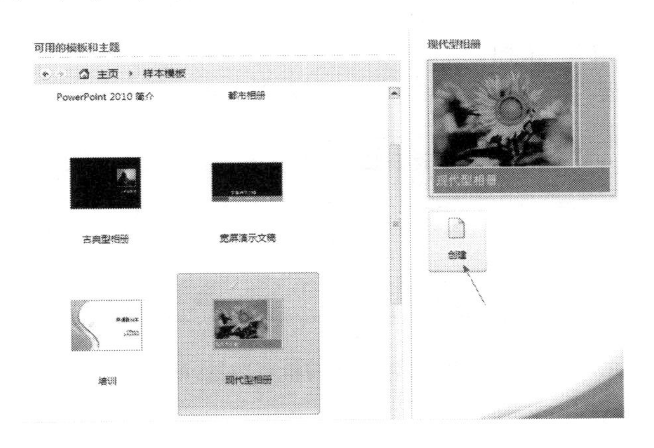

图 5.35 创建模板

(5) 根据模板中的提示制作一个自己的相册。

(6) 把演示文稿保存为“my_picture. pptx”。

2. 修改母版

(1) 在已经打开的幻灯片中,将演示文稿切换到“视图”选项卡,在“母版视图”组中,单击“幻灯片母版”按钮,即可进入幻灯片母版试图,选择要使用的母版,进行修改。

(2) 右击“单击此处编辑母版标题样式”,从弹出的快捷键菜单中选择“字体”命令打开“字体”对话框,如图 5.36 所示。在该对话框内进行选择,完成对相关字体的设置即可。

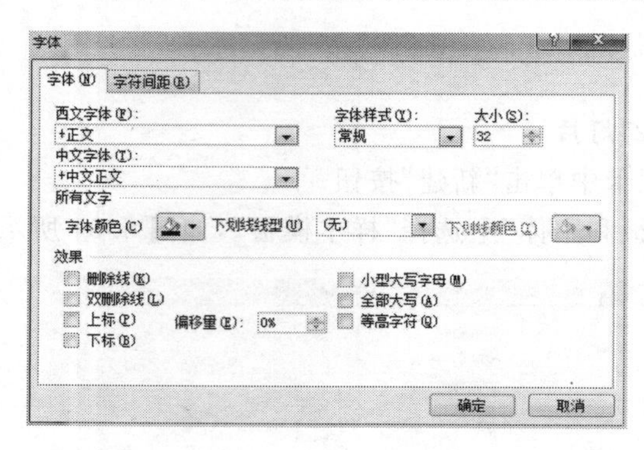

图 5.36　字体设置

(3) 在“插入”选项卡中,在“文本”组中单击“页眉与页脚”。

(4) 在弹出的“页眉与页脚”对话框中,单击“幻灯片”标签,在“幻灯片包含内容”下勾选“日期和时间”复选框,选择“自动更新”。

(5) 勾选“幻灯片编号”复选框,将会在幻灯片中显示编号。

(6) 在“插入”选项卡的“图像”组中单击“图片”按钮。

(7) 在弹出的对话框中选择要插入的图片,将插入的图片调整和幻灯片大小一致,单击右键并从快捷键菜单中执行“置于底层”→“置于底层”操作。

3. 审阅演示文稿

拼写错误检查。

① 将光标定位在文档中需要检查拼写和语法错误的位置,在“审阅”选项卡中的“校对”组中,单击“拼写检查”按钮。

② 如果拼写错误,会出现如图 5.37 所示的提示框。

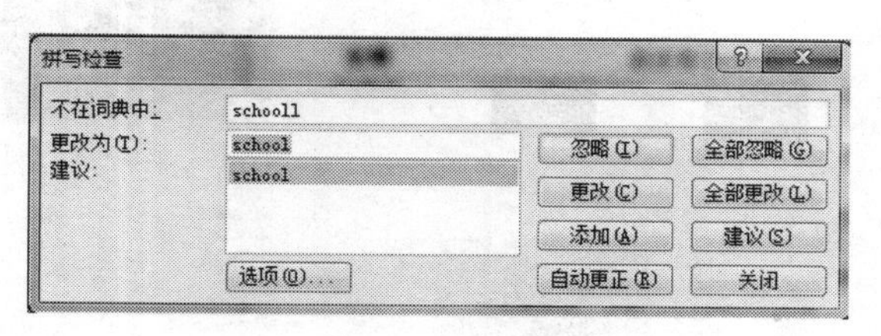

图 5.37　“拼写检查”对话框

③ 根据提示,改正拼写错误。

4. 添加批注

(1) 选择需要批注的文本，切换至“审阅”选项卡。

(2) 在“批注”组中单击“新建批注”按钮，所选的文本被插了批注，在批注框中输入需要注释的内容，如图5.38所示。

(3) 按照同样的方法，用户可以继续插入新的批注，并且输入需要注释的内容，此时的编号会自动增长。

(4) 把鼠标移动到批注编号处，可以看到添加的批注的内容。

(5) 删除批注可以用使用功能区的“删除”按钮，可以选择删除一个或删除整个幻灯片中的批注；另一种方法是使用右键快捷键菜单删除当前批注，还可以选中批注，直接按Delete键。

5. 保护演示文稿安全

(1) 为演示文稿设置密码。

① 选择“文件”选项卡，单击“信息”按钮，进入信息界面。

② 单击“保护演示文稿”按钮，在菜单中选择“用密码进行加密”选项。

③ 在打开的“加密文档”对话框中的“密码”文本框中输入密码，如图5.39所示。

④ 单击“确定”按钮，弹出“确认密码”，重复密码，单击“确定”按钮，加密成功。

⑤ 关闭演示文稿，重新打开，会提示“密码”对话框，输入密码，打开文件。

(2) 取消加密。

① 选择“文件”选项卡，单击“信息”按钮，进入信息界面。

② 单击“保护演示文稿”按钮，在菜单中选择“用密码进行加密”选项。

③ 在打开的“加密文档”对话框中的“密码”中清空密码，解密成功。

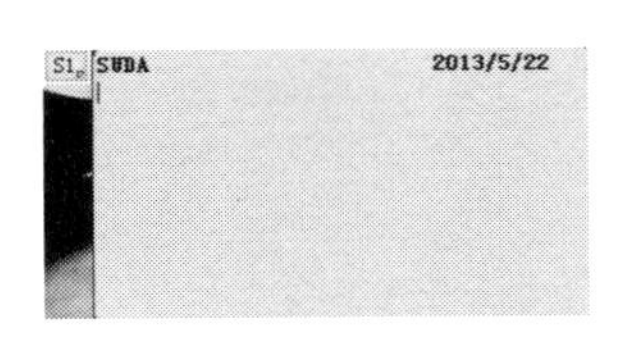

图5.38　在批注中添加内容

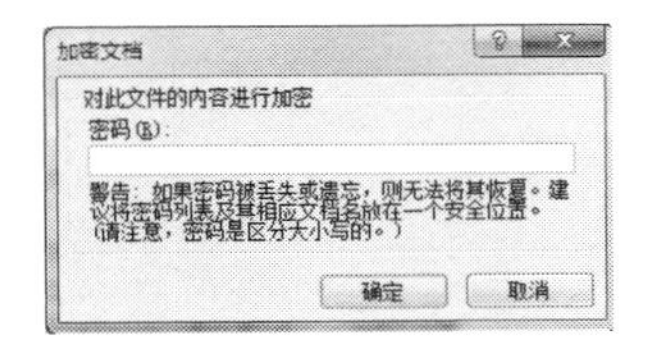

图5.39　“加密文档”对话框

(3) 把演示文稿标记为最终状态。

① 选择“文件”选项卡，单击“信息”按钮，进入信息界面。

② 单击“保护演示文稿”按钮，在菜单中选择“标记为最终状态”选项。

③ 在弹出的对话框中选择“是”，如图5.40所示。

④ 关闭幻灯片，再次打开时，会出现如图5.41所示提醒，根据实际情况进行选择。

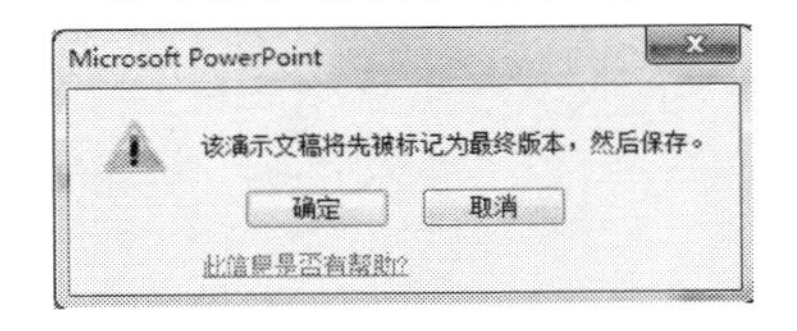

图5.40　标记为最终状态提示对话框

图5.41　对标记为最终状态的幻灯片是否进行编辑提示

实验作业

对介绍自己学校的演示文稿进行拼写错误检查、添加批注、用密码进行加密、标记为最终状态操作。

第6章 Excel电子表格

6.1 实验1 格式的应用

实验目的

学会使用 Excel 制作基本表格，对表格进行格式化的方法；通过对工作表的各项格式化调整、设置，以形成不同的数据表现形式，美化工作表。

实验准备

已经安装了 Microsoft Office Excel 2010 软件的计算机。

实验内容

按照图 6.1 新建一个“个人月度预算表.xlsx”，综合应用单元格格式修饰的方法，设计出和图一致的表格。

	A	B	C	D	E	F	G	H	I	J
1										
2		个人月度预算								
3										
4		计划月收入			￥2,500		计划负债（计划收入减计划支出）			￥2,030
5		实际月收入			￥2,500		实际负债（实际收入减实际支出）			￥2,020
6										
7		餐饮	计划支出	实际支出	差额		娱乐费	计划支出	实际支出	差额
8		日常	￥250	￥250	￥0		DVD	￥0	￥50	-￥50
9		零食饮料	￥100	￥180	-￥80		电影/音乐会			￥0
10		外出就餐	￥120	￥0	￥120		运动			￥0
11		总计	￥470	￥430	￥40		总计	￥0	￥50	-￥50
12										
13		交通费	计划支出	实际支出	差额		个人护理	计划支出	实际支出	差额
14		公交费			￥0		医疗			￥0
15		出租车费			￥0		头发/指甲护理			￥0
16		其他			￥0		保健俱乐部			￥0
17		总计	￥0	￥0	￥0		总计	￥0	￥0	￥0

图 6.1 格式设置示例

- 合并单元格。
- 设置单元格格式:数字格式,文字格式,调整行高或列宽、表格的边框等。
- 使用公式。
- 使用自动套用表格样式。
- 设置条件格式。

1. 创建新的 Excel 文件

创建一个新的 Excel 文件,将第一个工作表(Sheet1)的名称改为“个人月度预算”。

2. 合并单元格

(1) 选择两个或多个相邻的水平或垂直单元格,在“开始”选项卡上的“对齐方式”组中,单击“合并及居中”;或者单击“合并后居中”旁的箭头,然后单击“跨越合并”或“合并单元格”。

(2) 选择两个或多个相邻的水平或垂直单元格,在“开始”选项卡上的“单元格”组中,单击“格式”,在下拉菜单中选择“设置单元格格式”;在“对齐”选项卡中的“文本控制”栏中选中“合并单元格”。

(3) 选择两个或多个相邻的水平或垂直单元格,单击鼠标右键,在下拉菜单中选择“设置单元格格式”;在“对齐”选项卡中的“文本控制”栏中选中“合并单元格”。例如:

- 选择单元格 B2～J2,合并单元格,并输入“个人月度预算”;
- 选择单元格 B4～D4,合并单元格,并输入“计划月收入”,选择合并后的单元格 B4,单击单元格右下角的十字光标,向下拖动一行,在合并后的单元格 B5 中,输入“实际月收入”。

3. 设置数字格式

选择“设置单元格格式”对话框的“数字”选项卡,设置选定单元格的数字格式。例如,选择单元格区域 C8～E11,该区域都是与金额相关的数据,设置合适的货币格式。在“设置单元格格式”对话框的“数字”选项卡中选择“自定义”,在“类型”中输入表 6.1 中的数据,设置后的数字格式如图 6.2 所示。

表 6.1 设置单元格格式

类 型	显示格式
￥#,##0.00;[红色]￥-#,##0.00	￥-20.00 ￥20.00
￥#,##0.000;￥-#,##0.000	￥-20.000 ￥20.000
[$￥-804]#,##0;[红色]-[$￥-804]#,##0	-￥20 ￥20
[$￥-804]#,##0.00	-￥20.00 ￥20.00

4. 设置文字格式

选择“设置单元格格式”对话框的“字体”选项卡,设置选定单元格的字体格式。例如,调整标题行和总计行的字体大小并加粗。

设置字体后调整单元格的行高和列宽以适合显示和阅读。在“开始”选项卡上的“单元格:格式”下拉菜单中选择行高和列宽的调整方式。

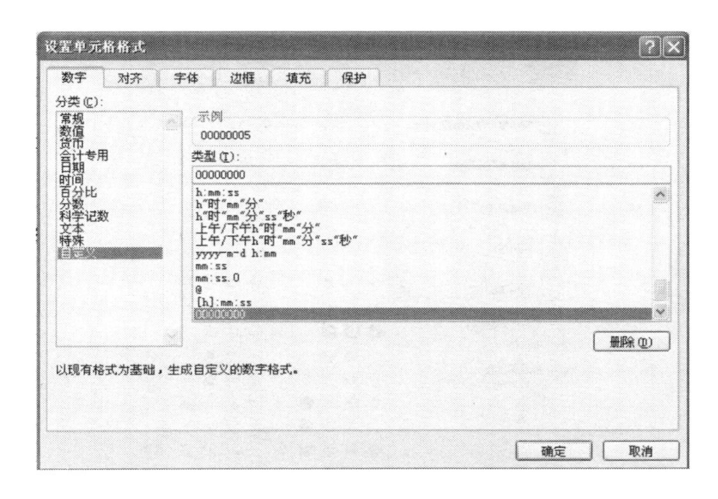

图 6.2 “设置单元格格式”—“数字”选项卡

5. 使用公式

对需要计算的单元格设置合适的公式，如差额和总计相关的单元格。

6. 使用自动套用表格样式

对单元格的底纹进行设置，让不同的内容有所区分，对“餐饮”、“交通费”、“娱乐费”、“个人护理”等表格内容，使用“套用表格格式”来设置不同行间的底纹颜色。

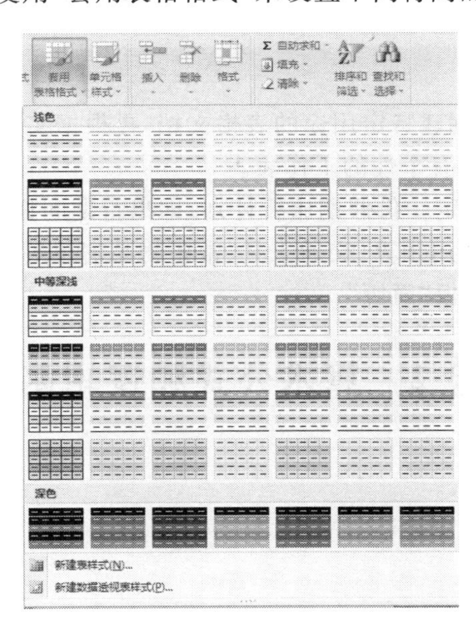

图 6.3 套用表格格式

7. 设置条件格式

在“开始”选项卡的“样式”组中，使用“条件格式”下拉菜单中的“图标集”，对表格中“差额”部分的不同结果设置图标。

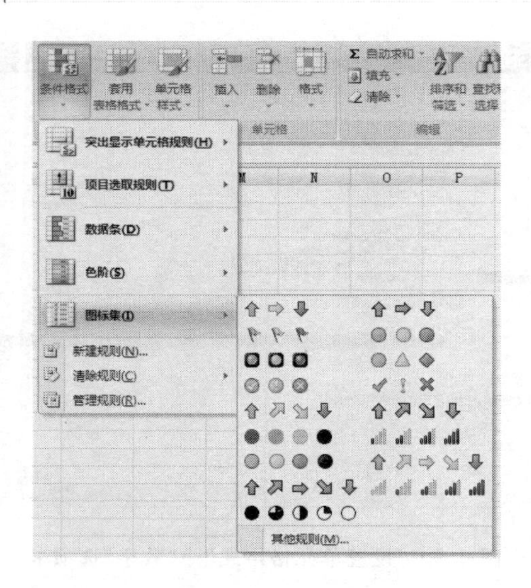

图 6.4　条件格式—图标集

8. 设置表格边框

选择“设置单元格格式”对话框的“边框”选项卡，设置选定单元格或区域的边框。

实验作业

利用 Excel 模板快速创建特定用途的表格文档，再根据实用需求修改格式，形成格式清晰、内容整齐、样式美观、有个性的工作表。

(1) 制定旅游计划，制定一份假期旅行计划，即出行期间详细的日程安排。包含信息如住宿、用餐、活动内容、费用预算、交通工具、常备物品清单等。参考模板“日程表”。

(2) 制作简历，参考模板“简历”。

6.2　实验 2　算术公式和逻辑函数的使用

实验目的

公式和函数的使用可以规定多个单元格数据间关联的数学关系，能充分发挥电子表格的作用。学会使用 Excel 制作数据列表的方法，掌握在单元格中使用公式和函数的方法。

实验准备

已经安装了 Microsoft Office Excel 2010 软件的计算机。

熟悉下列函数的基本功能：

- 函数 NOW()，返回当前日期和时间所对应的序列号；
- 函数 TRUNC(Number)，将数字的小数部分截去，返回整数；
- 函数 INT(Number)，将数字向下舍入到最接近的整数，注意 TRUNC 和 INT 函数的区别，学会使用 TRUNC 和 INT 计算四舍五入取整；
- 函数 IF(logical_test，value_if_true，value_if_false)，逻辑函数 IF(logical_test，value_if_true，value_if_false)，创建条件公式，最多可以使用 64 个 IF 函数作为 value_if_true 和 value_if_false 参数进行嵌套以构造更详尽的数据检测。

实验内容

新建一个“职工工资表. xlsx”，在工作表中建立如图 6.5 所示的“职工工资表”，对表格的设置合适格式；对“工龄津贴”、“绩效工资”、“所得税额”和“实发工资”列设置合适的计算公式，根据输入的“入职时间”、“基本工资”和“本月考核结果”数据，计算出职工的实发工资。

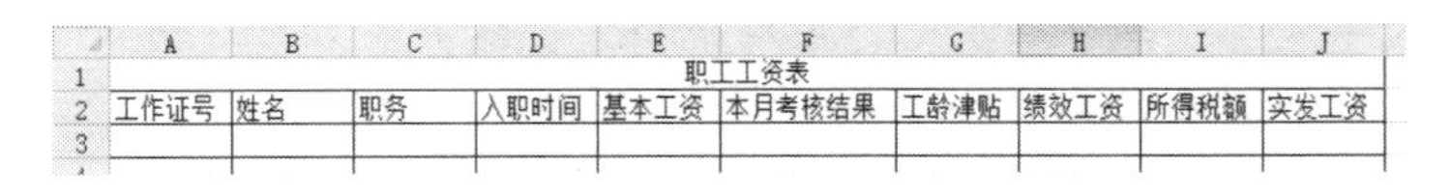

	A	B	C	D	E	F	G	H	I	J
1	职工工资表									
2	工作证号	姓名	职务	入职时间	基本工资	本月考核结果	工龄津贴	绩效工资	所得税额	实发工资
3										

图 6.5　算术和逻辑函数使用示例

(1) 创建新文件。

创建一个新的 Excel 文件，将第一个工作表(Sheet1)的名称改为“职工工资表”。

(2) 设置格式。

设置工作表的格式，对表中各列的单元格设置合适单元格格式。

(3) 设置数据的有效性检测。

设置各类数据的有效性检测(见图 6.6)。对需要手工输入的数据，即“工作证号”、“姓名”、“职务”、“入职时间”、“基本工资”和“本月考核结果”等，在“数据”选项卡的“数据有效性”对话框中进行设置。

① 工作证号，只允许数字字符。在“数据有效性”中选择整数，并可以设置最大值、最小值；在“设置单元格格式”中，选择自定义，选择“00000000”的格式来自动在左边补零。

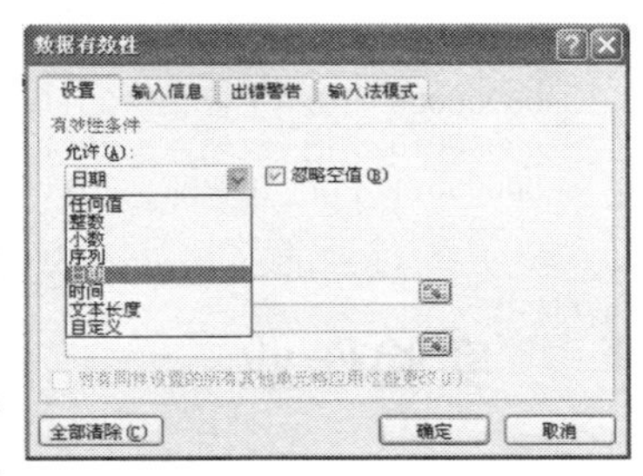

图 6.6　数据有效性设置

② 姓名,允许任意字符,长度限制为20个字符。在“数据有效性”中设置“文本长度”,最大20字符。

③ 职务,只允许从“经理”、“副经理”、“主管”、“工程师”、“助理”里面选择。先定义包含上述职务数据的序列(例如L5:L9),在“数据有效性”中设置“序列”,数据来源选择L5:L9。

④ 入职时间,只允许日期数据。在“数据有效性”中设置“日期”,可以在“设置单元格格式”中选择日期的类型。

⑤ 基本工资,只允许数值数据。在“数据有效性”中设置“小数”,大于0。在“设置单元格格式”中设置货币格式。

⑥ 本月考核结果,只允许从“优秀”、“合格”、“不合格”中选择。先定义包含考核数据的序列(例如M4:M6),在“数据有效性”中设置“序列”,数据来源选择M4:M6。

(4) 计算“工龄津贴”。

对于“工龄津贴”,按照“每年工龄×基本工资”的1%来计算;工龄为入职工作时间到计算工资时的实际工作年限计算,计算结果按照四舍五入的方式取整。

(5) 计算“绩效工资”。

对于“绩效工资”,按照“本月考核结果”列的数据进行计算,“优秀”为基本工资的20%,“合格”为基本工资的10%,“不合格”无绩效工资。

(6) 计算“所得税额”。

对于“所得税额”,上网查找最新的所得税计算方法,按照工薪收入的计税方式计算所得税额。

(7) 最后计算“实发工资”。

“实发工资”=“基本工资”+“工龄津贴”+“绩效工资”-“所得税额”

“职工工资表”示例见表6.2。

表6.2 “职工工资表”示例

职工工资表									
工作证号	姓名	职务	入职时间	基本工资	本月考核结果	工龄津贴	绩效工资	所得税额	实发工资
00000003	张杰	助理	2012-6-10	¥100.00	不合格	1	¥0.00		¥101.00
00000004	张勇	主管	2010-6-11	¥101.00	优秀	3.03	¥20.20		¥124.23
00000005	刘伟	经理	2011-6-12	¥102.00	合格	2.04	¥10.20		¥114.24
00000006	李娜	工程师	2010-6-13	¥103.00	不合格	3.09	¥0.00		¥106.09
00000007	王静	副经理	2011-6-14	¥104.00	合格	2.08	¥10.40		¥116.48
00000008	王芳	助理	2012-6-15	¥105.00	合格	1.05	¥10.50		¥116.55
00000009	王敏	主管	2011-6-16	¥106.00	合格	2.12	¥10.60		¥118.72
00000010	王艳	经理	2011-6-17	¥107.00	合格	2.14	¥10.70		¥119.84
00000011	王强	工程师	2011-6-18	¥108.00	优秀	2.16	¥21.60		¥131.76

实验作业

(1) 制作价格比对表。通过市场调研收集某品牌或多种品牌同类电子产品的信息,制作价格比对表。包含信息如单价、折扣、质保期、产地，计算平均价格、最高成交价、最低成交价。

(2) 制作成绩单。根据某学校某专业在某学期的课程安排，统计期末考试的成绩表。包含信息如课程名称、学分、考试成绩，计算加权平均分数、排名、奖学金。

6.3　实验3　排序和分类统计

实验目的

学会使用 Excel 的排序、分类汇总的方法。

实验准备

已经安装了 Microsoft Office Excel 2010 软件的计算机。

实验内容

对实验2中完成的“职工工资表.xlsx”，填入合适的数据后，按照各列进行排序和分类汇总实验。

(1) 对数据表按照“职务”排序，并分类汇总。

① 排序：在“开始”选项卡的“编辑”组中，单击“排序和筛选”，在下拉选项中选择排序方式，如图6.7和表6.3所示。

② 分类汇总：在“数据”选项卡的“分级显示”组中，单击“分类汇总”，在弹出的“分类汇总”对话框中选择“分类字段”、“汇总方式”、“选定汇总项”，如图6.8和表6.4所示。

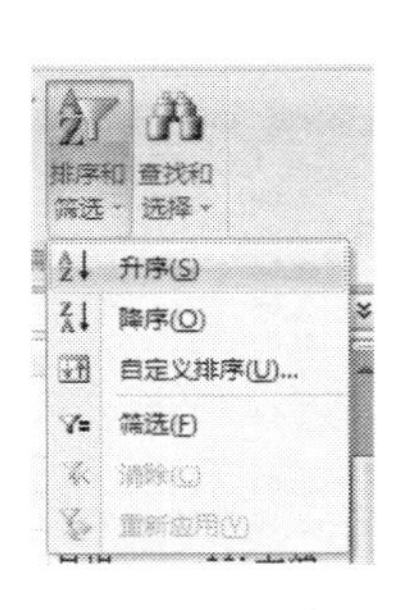

图6.7　排序

图6.8　分类汇总

表 6.3　按"职务"升序排列后的结果

2	职工工资表									
3	工作证号	姓名	职务	入职时间	基本工资	本月考核结果	工龄津贴	绩效工资	所得税额	实发工资
4	00000007	王静	副经理	011-6-14	¥104.00	合格	2.08	¥10.40		¥116.48
5	00000006	李娜	工程师	2010-6-13	¥103.00	不合格	3.09	¥0.00		¥106.09
6	00000011	王强	工程师	2011-6-18	¥108.00	优秀	2.16	¥21.60		¥131.76
7	00000005	刘伟	经理	2011-6-12	¥102.00	合格	2.04	¥10.20		¥114.24
8	00000010	王艳	经理	2011-6-17	¥107.00	合格	2.14	¥10.70		¥119.84
9	00000004	张勇	主管	2010-6-11	¥101.00	优秀	3.03	¥20.20		¥124.23
10	00000009	王敏	主管	2011-6-16	¥106.00	合格	2.12	¥10.60		¥118.72
11	00000003	张杰	助理	2012-6-10	¥100.00	不合格	1	¥0.00		¥101.00
12	00000008	王芳	助理	2012-6-15	¥105.00	合格	1.05	¥10.50		¥116.55
13										

表 6.4　按"职务"分类对"实发工资"进行求和汇总

	A	B	C	D	E	F	G	H	I	J
2	职工工资表									
3	工作证号	姓名	职务	入职时间	基本工资	本月考核结果	工龄津贴	绩效工资	所得税额	实发工资
4	00000007	王静	副经理	2011-6-14	¥104.00	合格	2.08	¥10.40		¥116.48
5			**副经理 汇总**							¥116.48
6	00000006	李娜	工程师	2010-6-13	¥103.00	不合格	3.09	¥0.00		¥106.09
7	00000011	王强	工程师	2011-6-18	¥108.00	优秀	2.16	¥21.60		¥131.76
8			**工程师 汇总**							¥237.85
9	00000005	刘伟	经理	2011-6-12	¥102.00	合格	2.04	¥10.20		¥114.24
10	00000010	王艳	经理	2011-6-17	¥107.00	合格	2.14	¥10.70		¥119.84
11			**经理 汇总**							¥234.08
12	00000004	张勇	主管	2010-6-11	¥101.00	优秀	3.03	¥20.20		¥124.23
13	00000009	王敏	主管	2011-6-16	¥106.00	合格	2.12	¥10.60		¥118.72
14			**主管 汇总**							¥242.95
15	00000003	张杰	助理	2012-6-10	¥100.00	不合格	1	¥0.00		¥101.00
16	00000008	王芳	助理	2012-6-15	¥105.00	合格	1.05	¥10.50		¥116.55
17			**助理 汇总**							¥217.55
18			**总计**							¥1,048.91

(2) 对数据表按照"本月考核结果"排序，并分类汇总，见表 6.5 和表 6.6。

表 6.5　按"本月考核结果"升序排列后的结果

2	职工工资表									
3	工作证号	姓名	职务	入职时间	基本工资	本月考核结果	工龄津贴	绩效工资	所得税额	实发工资
4	00000003	张杰	助理	2012-6-10	¥100.00	不合格	1	¥0.00		¥101.00
5	00000006	李娜	工程师	2010-6-13	¥103.00	不合格	3.09	¥0.00		¥106.09
6	00000005	刘伟	经理	2011-6-12	¥102.00	合格	2.04	¥10.20		¥114.24
7	00000007	王静	副经理	2011-6-14	¥104.00	合格	2.08	¥10.40		¥116.48
8	00000008	王芳	助理	2012-6-15	¥105.00	合格	1.05	¥10.50		¥116.55
9	00000009	王敏	主管	2011-6-16	¥106.00	合格	2.12	¥10.60		¥118.72
10	00000010	王艳	经理	2011-6-17	¥107.00	合格	2.14	¥10.70		¥119.84
11	00000004	张勇	主管	2010-6-11	¥101.00	优秀	3.03	¥20.20		¥124.23
12	00000011	王强	工程师	2011-6-18	¥108.00	优秀	2.16	¥21.60		¥131.76

表 6.6　按"本月考核结果"分类对"实发工资"进行求和汇总

	A	B	C	D	E	F	G	H	I	J
2	职工工资表									
3	工作证号	姓名	职务	入职时间	基本工资	本月考核结果	工龄津贴	绩效工资	所得税额	实发工资
4	00000003	张杰	助理	2012-6-10	¥100.00	不合格	1	¥0.00		¥101.00
5	00000006	李娜	工程师	2010-6-13	¥103.00	不合格	3.09	¥0.00		¥106.09
6						**不合格 汇总**				¥207.09
7	00000005	刘伟	经理	2011-6-12	¥102.00	合格	2.04	¥10.20		¥114.24
8	00000007	王静	副经理	2011-6-14	¥104.00	合格	2.08	¥10.40		¥116.48
9	00000008	王芳	助理	2012-6-15	¥105.00	合格	1.05	¥10.50		¥116.55
10	00000009	王敏	主管	2011-6-16	¥106.00	合格	2.12	¥10.60		¥118.72
11	00000010	王艳	经理	2011-6-17	¥107.00	合格	2.14	¥10.70		¥119.84
12						**合格 汇总**				¥585.83
13	00000004	张勇	主管	2010-6-11	¥101.00	优秀	3.03	¥20.20		¥124.23
14	00000011	王强	工程师	2011-6-18	¥108.00	优秀	2.16	¥21.60		¥131.76
15						**优秀 汇总**				¥255.99
16						**总计**				¥1,048.91

(3) 对数据表先按照“职务”进行分类汇总，对分类汇总结果再按照“本月考核结果”进行分类汇总，见表 6.7。

在设置“分类汇总”时，注意选项“替换当前分类汇总”对实验结果的影响。

表 6.7 先按“职务”分类汇总后，按“本月考核结果”求和汇总

	A	B	C	D	E	F	G	H	I	J
2						职工工资表				
3	工作证号	姓名	职务	入职时间	基本工资	本月考核结果	工龄津贴	绩效工资	所得税额	实发工资
4	00000007	王静	副经理	2011-6-14	¥104.00	合格	2.08	¥10.40		¥116.48
5						合格 汇总				¥116.48
6			副经理 汇总							¥116.48
7	00000006	李娜	工程师	2010-6-13	¥103.00	不合格	3.09	¥0.00		¥106.09
8						不合格 汇总				¥106.09
9	00000011	王强	工程师	2011-6-18	¥108.00	优秀	2.16	¥21.60		¥131.76
10						优秀 汇总				¥131.76
11			工程师 汇总							¥237.85
12	00000005	刘伟	经理	2011-6-12	¥102.00	合格	2.04	¥10.20		¥114.24
13	00000010	王艳	经理	2011-6-17	¥107.00	合格	2.14	¥10.70		¥119.84
14						合格 汇总				¥234.08
15			经理 汇总							¥234.08
16	00000004	张勇	主管	2010-6-11	¥101.00	优秀	3.03	¥20.20		¥124.23
17						优秀 汇总				¥124.23
18	00000009	王敏	主管	2011-6-16	¥106.00	合格	2.12	¥10.60		¥118.72
19						合格 汇总				¥118.72
20			主管 汇总							¥242.95
21	00000003	张杰	助理	2012-6-10	¥100.00	不合格	1	¥0.00		¥101.00
22						不合格 汇总				¥101.00
23	00000008	王芳	助理	2012-6-15	¥105.00	合格	1.05	¥10.50		¥116.55
24						合格 汇总				¥116.55
25			助理 汇总							¥217.55
26			总计							¥1,048.91
27										

(4) 在数据表中增加一列，在此列中按照四舍五入的方式计算职工的“工龄”，然后对“工龄”进行分类汇总，见表 6.8 和表 6.9。

- 计算工龄：=TRUNC((NOW()−D5)/365+0.5)。
- 排序：按“工龄”排序。
- 分类汇总：“分类字段”为工龄；“汇总方式”为求和；“选定汇总项”为实发工资。

表 6.8 增加“工龄”列

职工工资表										
工作证号	姓名	职务	入职时间	基本工资	本月考核结果	工龄津贴	绩效工资	所得税额	实发工资	工龄
00000003	张杰	助理	2012-6-10	¥100.00	不合格	1	¥0.00		¥101.00	1.00
00000004	张勇	主管	2010-6-11	¥101.00	优秀	3.03	¥20.20		¥124.23	3.00
00000005	刘伟	经理	2011-6-12	¥102.00	合格	2.04	¥10.20		¥114.24	2.00
00000006	李娜	工程师	2010-6-13	¥103.00	不合格	3.09	¥0.00		¥106.09	3.00
00000007	王静	副经理	2011-6-14	¥104.00	合格	2.08	¥10.40		¥116.48	2.00
00000008	王芳	助理	2012-6-15	¥105.00	合格	1.05	¥10.50		¥116.55	1.00
00000009	王敏	主管	2011-6-16	¥106.00	合格	2.12	¥10.60		¥118.72	2.00
00000010	王艳	经理	2011-6-17	¥107.00	合格	2.14	¥10.70		¥119.84	2.00
00000011	王强	工程师	2011-6-18	¥108.00	优秀	2.16	¥21.60		¥131.76	2.00

表 6.9 按“工龄”分类汇总

	A	B	C	D	E	F	G	H	I	J	K
2						职工工资表					
3	工作证号	姓名	职务	入职时间	基本工资	本月考核结果	工龄津贴	绩效工资	所得税额	实发工资	工龄
4	00000003	张杰	助理	2012-6-10	¥100.00	不合格	1	¥0.00		¥101.00	1.00
5	00000008	王芳	助理	2012-6-15	¥105.00	合格	1.05	¥10.50		¥116.55	1.00
6										¥217.55	1.00 汇总
7	00000005	刘伟	经理	2011-6-12	¥102.00	合格	2.04	¥10.20		¥114.24	2.00
8	00000007	王静	副经理	2011-6-14	¥104.00	合格	2.08	¥10.40		¥116.48	2.00
9	00000009	王敏	主管	2011-6-16	¥106.00	合格	2.12	¥10.60		¥118.72	2.00
10	00000010	王艳	经理	2011-6-17	¥107.00	合格	2.14	¥10.70		¥119.84	2.00
11	00000011	王强	工程师	2011-6-18	¥108.00	优秀	2.16	¥21.60		¥131.76	2.00
12										¥601.04	2.00 汇总
13	00000004	张勇	主管	2010-6-11	¥101.00	优秀	3.03	¥20.20		¥124.23	3.00
14	00000006	李娜	工程师	2010-6-13	¥103.00	不合格	3.09	¥0.00		¥106.09	3.00
15										¥230.32	3.00 汇总
16										¥1,048.91	总计

实验作业

基于实验 3 作业中的“价格比对表”或“成绩单”，完成排序和分类统计。

(1)“价格比对表”排序和分类统计。

- 按照产品品牌和产地分类统计。
- 先按照电子产品类别进行排序，再比较不同品牌的同类产品的价格(排序)，计算平均价格。

(2)“成绩单”排序和分类统计。

- 按照加权平均分数排名；按照班级分类汇总，计算平均分数。
- 按照奖学金类别分类汇总；统计各班级获得各等奖学金的学生人数。

6.4 实验 4 查 找

实验目的

学会使用 Excel 中的查找和引用，实现简单的数据库查询。

实验准备

已经安装了 Microsoft Office Excel 2010 软件的计算机。

熟悉下列函数的基本功能。

① IS 类函数

IS 类函数可以检验数值的类型并根据参数取值返回 TRUE 或 FALSE。

- ISBLANK(value)：检查 value 若为空白单元格，则返回 TRUE。
- ISNA(value)：检查 value 若为错误值 ＃N/A(值不存在)，则返回 TRUE。
- ISERROR(value)：检查 value 若为任意错误值(＃N/A、＃VALUE!、＃REF!、＃DIV/0!、＃NUM!、＃NAME? 或＃NULL!)，则返回 TRUE。

② 查找和引用函数

- MATCH(lookup_value，lookup_array，match_type)：返回在指定方式下与指定数值匹配的数组中元素的相应位置。match_type 为数字 －1、0 或 1。match_type 指明 Microsoft Excel 如何在 lookup_array 中查找 lookup_value。
- INDEX(array，row_num，column_num)：返回指定单元格或单元格数组的值。
- VLOOKUP(lookup_value，table_array，col_index_num，range_lookup)：在表格数

组的首列查找指定的值，并由此返回表格数组当前行中其他列的值。range_lookup 为逻辑值，指定希望 VLOOKUP 查找精确的匹配值还是近似匹配值。

③ 合并文本和数据

- 使用 TEXT 函数和 &(连接符号)运算符。
- TEXT (value,format_text)：将数值转换为按指定数字格式表示的文本。

实验内容

对实验 2 中完成的“职工工资表.xlsx”，输入合适的数据后，在另外一个工作表中，建立一个查询表，如表 6.10 所示。

表 6.10　查询表

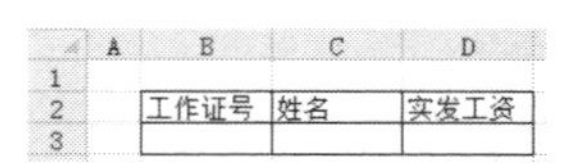

	A	B	C	D
1				
2		工作证号	姓名	实发工资
3				

在查询表中，通过输入“工作证号”或“姓名”来查找职工的“实发工资”。

(1) 以“工作证号”和“姓名”为查询条件。

在职工工资表中(见表 6.11)，需同时输入“工作证号”和“姓名”，才可查找出其实际工资；如无此人，则显示“查无此人”的结果；如只输入了一项，需提示输入另外一项内容后查找。

表 6.11　职工工资表

职工工资表										
工作证号	姓名	职务	入职时间	基本工资	本月考核结果	工龄津贴	绩效工资	所得税额	实发工资	
00000003	张杰	助理	2012-6-10	¥100.00	不合格	1	¥0.00		¥101.00	3.张杰
00000004	张勇	主管	2010-6-11	¥101.00	优秀	3.03	¥20.20		¥124.23	4.张勇
00000005	刘伟	经理	2011-6-12	¥102.00	合格	2.04	¥10.20		¥114.24	5.刘伟
00000006	李娜	工程师	2010-6-13	¥103.00	不合格	3.09	¥0.00		¥106.09	6.李娜
00000007	王静	副经理	2011-6-14	¥104.00	合格	2.08	¥10.40		¥116.48	7.王静
00000008	王芳	助理	2012-6-15	¥105.00	合格	1.05	¥10.50		¥116.55	8.王芳
00000009	王敏	主管	2011-6-16	¥106.00	合格	2.12	¥10.60		¥118.72	9.王敏
00000010	王艳	经理	2011-6-17	¥107.00	合格	2.14	¥10.70		¥119.84	10.王艳
00000011	王强	工程师	2011-6-18	¥108.00	优秀	2.16	¥21.60		¥131.76	11.王强

查询表中“实发工资”的语句如下：

```
= IF(AND(ISBLANK(C4),ISBLANK(B4)),"请输入工作证号和名字",
    IF(ISBLANK(B4),"请输入工作证号",
        IF(ISBLANK(C4),"请输入姓名",
            IF(ISNA(VLOOKUP(
        TEXT(B4,"##")&"."&C4,Sheet1! K4:K12,1,FALSE)) = TRUE,"查无此人",
        INDEX(Sheet1! J4:J12,MATCH(TEXT(B4,"##")&"."&C4,Sheet1! K4:K12,"0"))
            )
        )
    )
)
```

查询情况如图 6.9 所示。

工作证号	姓名	实发工资
00000003	张三	查无此人

工作证号	姓名	实发工资
	刘伟	请输入工作证号

工作证号	姓名	实发工资
00000005		请输入姓名

工作证号	姓名	实发工资
00000005	刘伟	114.24

工作证号	姓名	实发工资
		请输入工作证号和名字

图 6.9 通过“工作证号”和“姓名”查询对应的“实发工资”

(2) 以“工作证号”或“姓名”为查询条件。

只需输入“工作证号”或“姓名”中的任意一个，即可查找出其实际工资；如无此人，则显示“查无此人”的结果。

查询表中“实发工资”语句如下：

```
=IF(AND(ISBLANK(C4),ISBLANK(B4)),"请输入工作证号或名字",
    IF(AND(ISNA(VLOOKUP(B4,Sheet1! A4:A12,1,FALSE))=TRUE,
           ISNA(VLOOKUP(C4,Sheet1! B4:B12,1,FALSE))=TRUE),"查无此人",
      IF(ISBLANK(C4),INDEX(Sheet1! J4:J12,MATCH(B4,Sheet1! A4:A12,"0")),
                    INDEX(Sheet1! J4:J12,MATCH(C4,Sheet1! B4:B12,"0"))
      )
    )
  )
```

查询情况如图 6.10 所示。

工作证号	姓名	实发工资
		请输入工作证号或名字

工作证号	姓名	实发工资
	刘伟	114.24

工作证号	姓名	实发工资
00000005		114.24

工作证号	姓名	实发工资
00000013		查无此人

工作证号	姓名	实发工资
	ZHANG	查无此人

图 6.10 任意输入“工作证号”或“姓名”查询对应的“实发工资”

思考：在输入“工作证号”或“姓名”得到查询结果的情况下，再输入另外一项（正确或错误），查询结果又如何？

(3) 以“工作证号”或“姓名”任意查询，同时查出另外一项内容。

只需输入“工作证号”或“姓名”中的任意一个，即可查找出其实际工资，同时查找出另外一项内容；如无此人，则显示“查无此人”的结果。

查询表中“实发工资”语句如下：

```
= IF(AND(ISBLANK(C4),ISBLANK(B4)),"请输入工作证号或名字",
      IF(AND(ISNA(VLOOKUP(B4,Sheet1! A4:A12,1,FALSE)) = TRUE,
              ISNA(VLOOKUP(C4,Sheet1! B4:B12,1,FALSE)) = TRUE),"查无此人",
         IF(ISBLANK(C4),
                  INDEX(Sheet1! B4:B12,MATCH(B4,Sheet1! A4:A12,"0"))&":"
                     &INDEX(Sheet1! J4:J12,MATCH(B4,Sheet1! A4:A12,"0")),
                   INDEX(Sheet1! J4:J12,MATCH(C4,Sheet1! B4:B12,"0"))
                     &"("&"工作证号"&":"
                     &INDEX(Sheet1! A4:A12,MATCH(C4,Sheet1! B4:B12,"0"))&")"
         )
      )
   )
```

查询情况如图 6.11 所示。

工作证号	姓名	实发工资
00000006		李娜:106.09

工作证号	姓名	实发工资
	刘伟	114.24(工作证号:5)

工作证号	姓名	实发工资
		请输入工作证号或名字

工作证号	姓名	实发工资
00000013		查无此人

工作证号	姓名	实发工资
	ZHANG	查无此人

图 6.11 根据任意“工作证号”或“姓名”查询“实发工资”，并显示另一项

思考：在输入“工作证号”或“姓名”得到查询结果的情况下，再输入另外一项（正确或错误），查询结果又如何？

实验作业

针对上述实验内容(2)和(3)中的思考问题，完善查询表。若“工作证号”和“姓名”不匹配，应该返回“查无此人”。

(1) 以“工作证号”或“姓名”为查询条件。

只需输入“工作证号”或“姓名”中的任意一个，即可查找出其实际工资；如无此人，则显示“查无此人”的结果。在已经有查询结果的情况下，补充输入“工作证号”或“姓名”，若“工作证号”和“姓名”不匹配，则显示“查无此人”。

(2) 以“工作证号”或“姓名”为查询条件，同时查处另一项内容。

只需输入“工作证号”或“姓名”中的任意一个，即可查找出其实际工资，同时查找出另

外一项内容;如无此人,则显示“查无此人”的结果。在已经有查询结果的情况下,补充输入“工作证号”或“姓名”,若“工作证号”和“姓名”不匹配,则显示“查无此人”。

6.5 实验5 实验数据的拟合和经验公式

实验目的

学会将Excel工作表中的数据生成图表;学会利用数据拟合功能分析处理实验数据。

实验准备

已经安装了Microsoft Office Excel 2010软件的计算机。

实验内容

在实验数据处理中,经常需要从数据中得出相应的经验公式,利用Excel的数据计算、绘图和数据拟合功能,可方便地得出经验公式。

1. 建立数据列 *X*

在工作表中,建立数据列 *X*,用自动填充来填充为自然数序列。

2. 建立数据列 *Y*

在 *X* 列旁边建立数据列 *Y*,在 *Y* 列中,用RAND()结合 *X* 列对应数据值来计算产生一个数值作为 *Y* 值,如采用公式“=B3+((RAND()+B3)*11)”来产生 *Y* 值,将 *Y* 列数据生成,如表6.10中数据列所示。

3. 生成数据 *XY* 的“散点图”

利用“插入”选项卡中的“图表”功能,对 *XY* 数据生成一个“散点图”。

4. 添加趋势线并设置趋势线格式

在生成好的“散点图”中的一个散点上用鼠标右键调出菜单,选择“添加趋势线”,在“设置趋势线格式”对话框中(如图6.12所示)的“趋势预测/回归分析类型”中选择不同的方法,观测生成的趋势线的区别。

5. 数据拟合

在图6.12的“设置趋势线格式”对话框中,选中“显示公式”,观测数据拟合后的经验公式的结果,如图6.13所示。

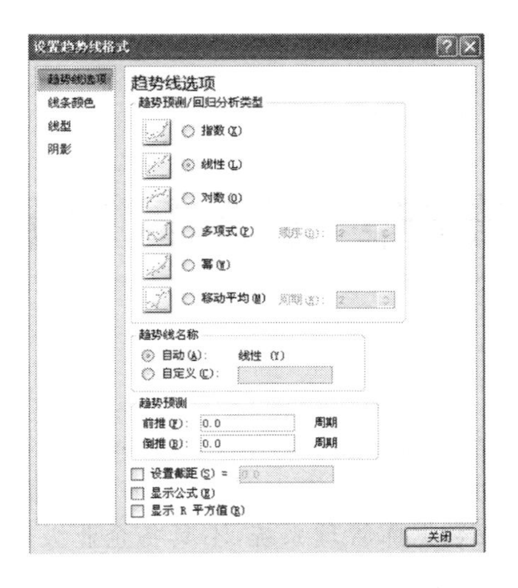

图 6.12　设置趋势线格式

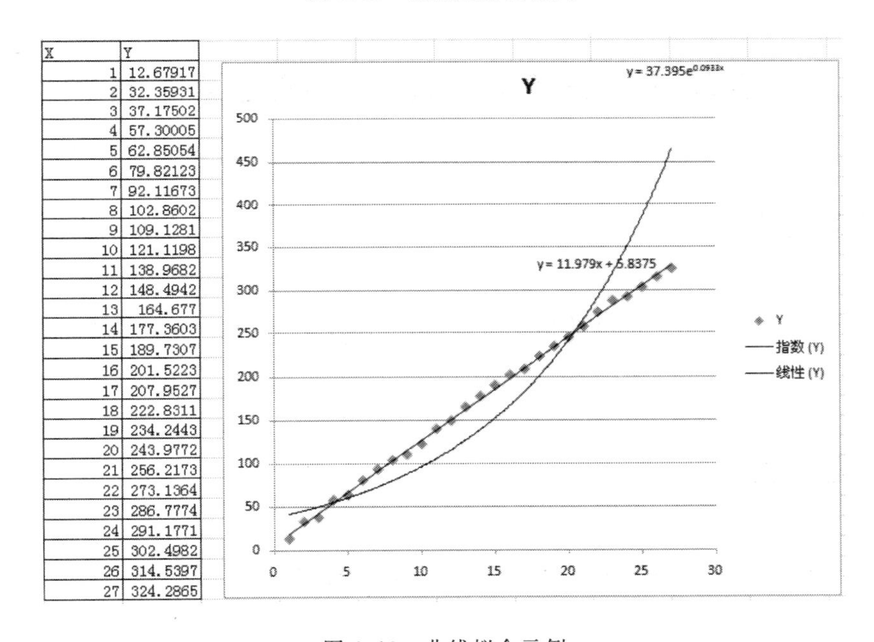

X	Y
1	12.67917
2	32.35931
3	37.17502
4	57.30005
5	62.85054
6	79.82123
7	92.11673
8	102.8602
9	109.1281
10	121.1198
11	138.9682
12	148.4942
13	164.677
14	177.3603
15	189.7307
16	201.5223
17	207.9527
18	222.8311
19	234.2443
20	243.9772
21	256.2173
22	273.1364
23	286.7774
24	291.1771
25	302.4982
26	314.5397
27	324.2865

图 6.13　曲线拟合示例

实验作业

根据不同城市(国内、国外)某时期的 PM2.5 数据，制作散点图，添加趋势曲线，进行数据拟合并显示经验公式。

第7章 数据库基础

在《大学计算机基础》理论教材中，我们基于 Access 设计了 3 个实验，学习了数据库的基本设计、创建数据库、创建表、数据输入、数据查询等数据库的基本实践内容。由于 Access 数据库属于小型桌面数据库管理系统，不具备企业级数据库的一些重要功能，在实验教材中，我们使用 SQL Server 2000 数据库系统进行实验，供对数据库系统非常感兴趣的同学学习。

7.1 实验 1 安装数据库并熟悉主要工具软件

实验目的

学习安装 SQL Server 2000 数据库系统，熟悉 SQL Server 2000 数据库系统提供的主要工具。

实验准备

安装了 Windows XP 或 Windows 7 操作系统的计算机。

实验内容

1. SQL Server 2000 数据库系统的安装

(1) 安装 SQL Server 2000 的计算机必须是 Intel 或兼容机。

(2) 运行 SQL Server 2000 安装程序前的准备工作：

- 关闭所有和 SQL Server 相关的服务，包括所有使用 ODBC 的服务，如 Microsoft Internet Information 服务 (IIS)；
- 关闭 Microsoft Windows 事件查看器和注册表查看器(Regedit.exe 或 Regedt32.exe)。

(3) 我们以 SQL Server 2000 的企业版为例介绍 SQL Server 2000 的安装方法。将 SQL Server 2000 的安装盘放入光驱，运行光驱中的 autorun. exe，出现安装界面。

(4) 选择“安装 SQL Server 2000 组件”选项，进入安装 SQL Server 2000 组件的窗口界面。

(5) 选择“安装数据库服务器”选项，进入安装向导的欢迎窗口。

(6) 单击“下一步”，进入要把服务器安装在哪个计算机上的“计算机名”界面。

(7) 选择在“本地计算机”上安装，单击“下一步”，进入安装选择界面。

(8) 选择“创建新的 SQL Server 实例，或安装“客户端工具”选项，在本地计算机上安装新的 SQL Server 实例。单击“下一步”，进入用户信息界面。

(9) 输入用户信息，单击“下一步”，进入许可证协议界面。

(10) 阅读软件许可证信息，选择“是”表示接受许可证协议中的条款，进入安装定义界面。

(11) 选择“服务器和客户端工具”选项，单击“下一步”，进入实例名界面，选项说明如下。

- 仅客户端：若已有数据库服务器，只需安装客户端工具时选择此项。
- 服务器和客户端：用于安装数据库服务器和客户机工具。
- 仅连接：用于应用程序开发时使用，只是安装连接工具。

(12) 使用“默认”的服务器实例名，或者自己输入新的实例名，单击“下一步”，进入安装类型界面。

(13) 选择典型安装，如果需要改变安装的目的文件夹，可以进行相应的改变。有如下 3 种安装类型。

- 典型安装。系统默认的安装选项，也是最常用的安装选项，此方式下将安装 SQL Server 2000 的全部管理工具及 SQL Server 2000 的在线手册。
- 最小安装。仅安装使用 SQL Server 2000 数据库管理系统必需的选项，主要为配置较低的用户使用。虽然安装要求较低，但也限制了所能使用的功能。
- 自定义安装。允许在安装 SQL Server 2000 的过程中，用户根据自己的需要，选择安装内容，这一安装方式适用于有经验的用户。单击“下一步”进入服务账户设置界面。

(14) 选择使用本地系统账户来自动启动数据库服务。单击“下一步”进入身份验证模式界面。

(15) 选择混合身份验证模式，并输入系统管理员的密码。SQL Server 2000 采用如下身份验证模式。

- Windows 验证模式：若用户使用 Windows NT 或 Windows 2000 上的登录账户进行连接，SQL Server 通过回叫 Windows NT 或 Windows 2000 以获得信息，重新验证账户名和密码，SQL Server 利用网络用户的安全特性控制登录访问，从而实现了 SQL Server 与 Windows NT、Windows 2000 的登录安全集成。
- 混合模式(Windows 身份验证和 SQL Server 身份验证)：使用户得以使用 Windows 身份验证或 SQL Server 身份验证与 SQL Server 连接。

(16) 单击“下一步”,进入开始复制文件界面。

(17) 单击“下一步”,开始复制文件。

(18) 安装过程并安装成功。

(19) 安装成功后,可以从“开始|程序|Microsoft SQL Server”找到安装的程序组内容。

(20) 也可以在文件系统中找到安装在系统中的文件。路径为:c:\program files\microsoft SQL Server,默认情况下,数据库的数据文件在 c:\program files\microsoft SQL Server\MSSQL\Data 目录下。

2. 主要的工具软件

(1) 服务器管理器

服务管理器是 SQL Server 提供数据库服务的程序,该程序必须处于运行状态,计算机才能够为应用提供数据库的各种服务。

- 执行“开始|程序|Microsoft SQL Server|服务管理器”命令,打开服务管理器对话框。
- 单击“开始/继续”按钮,启动数据库服务器。

在该状态下,单击“暂停”按钮可以暂停数据库服务,单击“停止”按钮,可以停止数据库服务。服务管理器运行后,在任务托盘中会出现程序图标。

(2) 企业管理器

- 执行“开始|程序|Microsoft SQL Server|企业管理器”命令,打开企业管理器窗口。
- 通过企业管理器左边的树型结构,可以看到服务器实例中的数据库,和每个数据库中的对象,比如表、视图,还可以对这些对象进行操作,比如通过鼠标右键打开表,查看表中的内容,等等。SQL Server 数据库服务器的绝大多数管理和维护工作都可以通过企业管理器来进行。

(3) 查询分析器

- 执行“开始|程序|Microsoft SQL Server|查询分析器”命令,打开查询分析器窗口。
- 输入安装时设置的登录名和密码,通过身份验证后,进入查询分析器。
- 进入查询分析器后,可以使用 SQL 语言进行各种查询分析,比如查看 master 数据库中 sysusers 表中的记录,如图 7.1 所示。

(4) 联机丛书

- 执行“开始|程序|Microsoft SQL Server|联机丛书”命令,即可打开联机丛书窗口。
- 联机丛书是最权威的帮助手册,对于大家掌握 SQL Server 2000 数据库的各种知识起到权威的指点作用。

图 7.1 使用查询分析器查看数据表内容

实验作业

(1) 从实验素材中找到 SQL Server 安装软件,在某台计算机上安装 SQL Server 2000 数据库系统。

(2) 熟悉服务管理器、企业管理器、查询分析器、联机丛书等工具。

7.2 实验 2 学生选课系统数据库设计

实验目的

了解数据库应用设计的步骤和方法。

实验准备

无。

实验内容

学生选课应用的需求为:建立学生选课数据库表,记录每个学生每个学期选课的情况，并对各门课的成绩进行记录。在此基础上，老师能够方便查看学生选课的情况，例如某个同学各个学期的选课情况，或者某门课选课的学生、某个学院学生选课的情况、某门课程某个分数段学生的情况等。此外可以通过输入学生学号或姓名，快速查看学生的选课和成绩信息。

数据库应用设计过程如下。

(1) 需求分析

根据上面的原始需求描述，可以得知，本数据库应用主要完成以下 4 方面的功能：

- 对学生选课的各项信息进行维护，包括添加、修改和删除等；
- 对学生选课进情况行各种条件的查询；
- 输入学生学号或姓名，查询选课历史成绩的功能；
- 通过对上述功能的分析，确定应用中应该包括的数据项有学生学号、学生姓名、学生所在学院、性别、班级、专业、课程名称、课程编号、课程学分数、课程开设学院、学生选课学期、学生课程成绩等内容。

(2) 概念设计

将以上的数据项进行分类，画出系统的 E-R 图如图 7.2～图 7.4 所示。

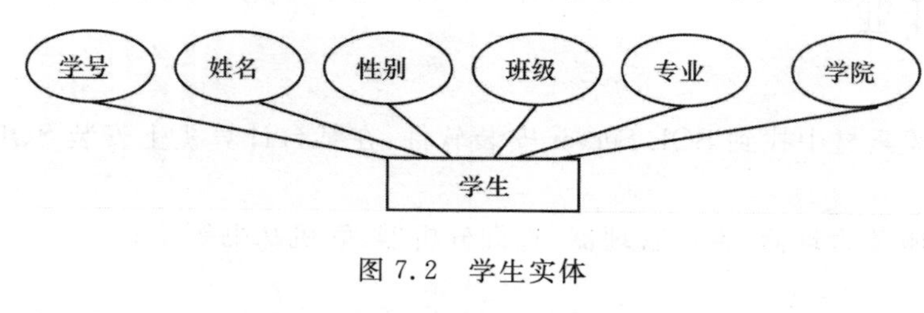

图 7.2　学生实体

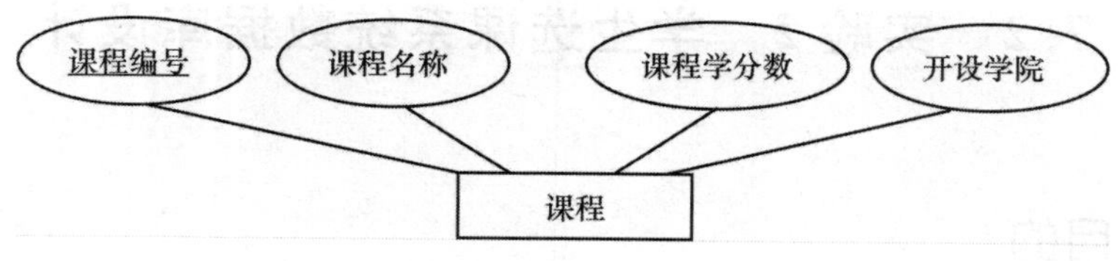

图 7.3　课程实体

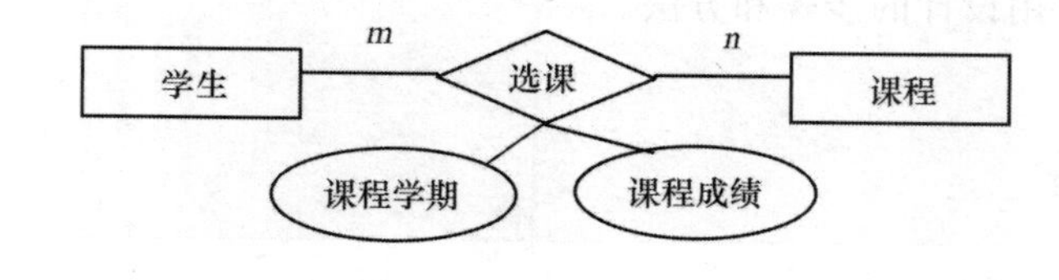

图 7.4　学生与课程实体关系

图 7.2～图 7.4 中方框代表实体，椭圆框代表实体的属性，带下画线的属性表示是该实体的码，菱形框代表实体和实体的关系，其下的椭圆框代表关系的属性。学生与课程之间的关系是选课，并且关系类型是多对多关系，也就是说一个学生可以选择多门课，一门课也可以有很多学生选择。

(3) 逻辑设计

逻辑设计首先要把 E-R 图中的实体、实体之间的联系转变成关系数据库支持的关系模式。E-R 图由实体、实体属性和实体间的关系 3 个要素组成,将 E-R 图转换成关系模式实际上就是要把实体、实体的属性和实体之间的关系转换成关系模式,这种转换一般遵循以下规则:

- 一个实体转换为一个关系,实体的属性就是关系的属性,实体的码就是关系的关键字;
- 一个 1∶1 联系可以转换为一个独立的关系模式,也可以与任意一端对应的关系模式合并;
- 一个 1∶n 的联系可以转换为一个独立的关系模式,也可以与 n 端对应的关系模式合并;
- 一个 m∶n 联系转换为一个关系模式,与该联系相连的各个实体的码以及该联系本身的属性均转换为关系的属性,而关系的码为各个实体的码的组合。

根据以上的转换规则,可以将 E-R 图划分为 3 个关系模式:

- 学生实体:(<u>学号</u>,姓名,性别,班级,专业,学院);
- 课程实体:(<u>课程编号</u>,课程名称,课程学分数,课程开设学院);
- 选课实体:(<u>学号,课程编号</u>,选课学期,课程成绩)。

在逻辑设计阶段,要利用关系规范化理论对以上实体进行优化。规范化理论是研究关系模式中各属性之间的依赖关系以及对关系模式性能的影响,探讨关系模式应该具备的性质和设计方法的理论。EF Codd 在 1971 年提出规范化理论,为数据结构定义了 5 种规范化模式,简称范式。对实体进行规范化的目的是使数据库表结构更加合理,消除存储异常,使数据冗余量尽量减少,便于插入、删除和更新。其根本目标是节省存储空间,避免数据不一致性,提高对关系的操作效率,同时满足应用需求。

范式表示的是关系模式的规范化程度,下面对经常使用的 3 种范式的规则进行简单描述。

- 第一范式:每个属性都是不可再分的。
- 第二范式:关系必须遵循第一范式规范,并且所有属性必须完全依赖于主键。如果主键是组合键,那么必须完全依赖于每个主属性。
- 第三范式:关系必须符合第一、第二范式规范,并且所有属性必须相互独立,也就是所有非主属性对任何候选关键字都不存在传递依赖。

根据范式的规则进行查看,学生选课实体关系完全满足 3 个范式规则,所以不用对关系进行修改。

(4) 物理设计

物理设计要结合所选择的数据库管理系统。因为不同的数据库产品提供的物理环境、存取方法和存取结构有很大的差别,能够提供给设计人员使用的设计变量、参数类型和参数范围也有很多不同,因此没有通用的数据库物理设计方法可循。物理数据库的设计包括为实体关系中的各个属性选择合适的类型和范围、设置合适的索引等内容,从而使得数据库运行过程中事务响应时间短、存储空间利用率高、事务吞吐量大。

实验作业

班级学生管理的需求为:建立班级学生信息库,班级信息中应知道班名、班号和班主任,学生信息应知道学号、姓名、性别、年龄、籍贯,一个班可以有多个学生,而一个学生只能属于一个班,由于每个学生的入班时间不同,需要了解每一个学生是何时进入这个班级的。通过该系统可以查看所有班的信息、每个班的学生信息以及学生何时入班的信息。

请根据此需求进行数据库概念设计和逻辑设计。

7.3 实验3 创建数据库及表,进行数据输入

实验目的

会使用企业管理器创建数据库、表,并能进行数据输入。

实验准备

安装了 SQL Server 2000 数据库服务器的计算机。

实验内容

1. 创建数据库

在 SQL Server 2000 中可以使用 3 种方法来创建数据库,分别是:"使用向导创建数据库"、"使用企业管理器创建数据库"、"使用 SQL 语言创建数据库"。我们主要采用"使用企业管理器创建数据库"来创建数据库,数据库的名字定为"xsxk"。

(1) 打开企业管理器并将左边的树结构展开,在"数据库"上单击鼠标右键,选择"新建数据库…"。

(2) 在数据库属性的"常规"标签中输入数据库的名称"xsxk",单击"确定"按钮。

(3) 在"数据文件"标签中输入数据文件的逻辑名、位置、初始大小及文件如何增长、大小是否受限等信息,如图 7.5 所示。

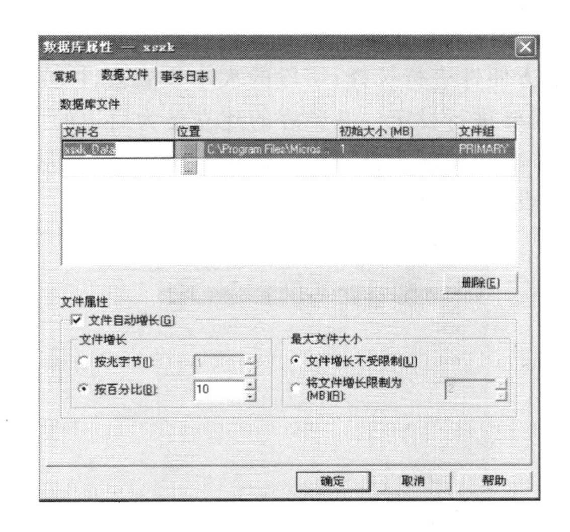

图 7.5　设置数据文件路径和增长方式

(4) 同样在"事务日志"标签中输入事务日志文件的逻辑名、位置、初始大小及文件如何增长、大小是否受限等信息。

(5) 单击"确定"后即生成 xsxk 数据库，单击 xsxk 数据库下的"表"目录，我们可以看到创建好的数据库中已经有了一些系统表。

生成数据库的时候可以对数据库数据文件和日志文件在磁盘上的分布进行控制，详情请查联机手册。

2. 创建表

在 SQL Server 2000 中可以使用两种方法来创建表，分别是："使用企业管理器"、"使用 SQL 语言"。我们主要采用"使用企业管理器"来创建表。

首先使用设计器创建"学生表"。

(1) 打开企业管理器并将左边的树结构展开，在"xsxk" 数据库的"表"对象上单击鼠标右键，选择"新建表…"。

(2) 执行新建表操作后，会进入表设计窗口。

(3) 根据学生表的属性内容在字段列中输入"学号"、"姓名"、"性别"、"班级"、"专业"、"学院"6 个字段。每个字段的类型设置如表 7.1 所示。

表 7.1　"学生表"的字段设置

字段名称	字段类型	字段大小	允许空字符串
学号	char	6	否
姓名	char	20	否
性别	char	2	是
班级	char	5	否
专业	char	20	是
学院	char	40	是

注意，对于各个字段的设置属于数据库物理设计的范畴，选择字段类型时，应根据字段的实际含义和处理的方便性进行选择；字段的大小设置要注意每个中文需要占两个字符；其他内容根据实际需要进行设定。基础表的建立是为后边的应用奠定了良好的基础，所以每一个环节、每一个参数的确定都要经过慎重考虑。

设置好的学生表的设计视图如图 7.6 所示。

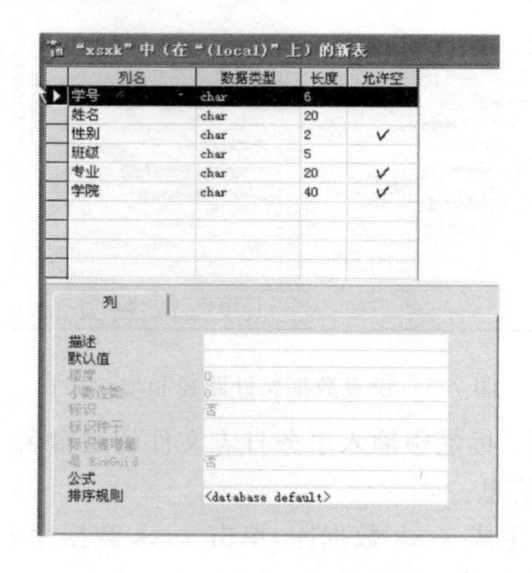

图 7.6　学生表的设计

(4) 在学号字段上单击右键，选择右键菜单中的“设置主键”，即可设置“学号”字段为“学生表”的主键；设置成功后，在学号字段前有一个小钥匙图标。

(5) 关闭设计界面，系统提示保存，输入表的名称为“学生表”，单击“确定”按钮即创建好了学生表。创建后，在企业管理器的“Microsoft SQL Server|SQL Server 组|(local)(Windows NT)|数据库|xsxk|表”中会出现学生表。

(6) 同样方法创建“课程表”，表中各字段属性见表 7.2。

表 7.2　“课程表”的字段设置

字段名称	字段类型	字段大小	允许空字符串
课程编号	char	10	否
课程名称	char	50	否
学分数	int	4	是
开设学院	char	40	否

(7) 同样方法创建“选课表”，表中各字段属性见表 7.3。

表 7.3　“选课表”的字段设置

字段名称	字段类型	字段大小	允许空字符串
学号	char	6	否
课程编号	char	10	否
课程成绩	int	字符	是
选课学期	char	30	否

(8) 建立表之间的参照完整性:在选课表的设计界面中,执行右键菜单中的“关系…”命令;在弹出对话框的“关系”标签中,设置主键表为“课程表”,外键表为“选课表”,指定映射字段为“课程编号”,从而建立选课表的课程编号与课程表的课程编号之间的参照关系,如图 7.7 所示。

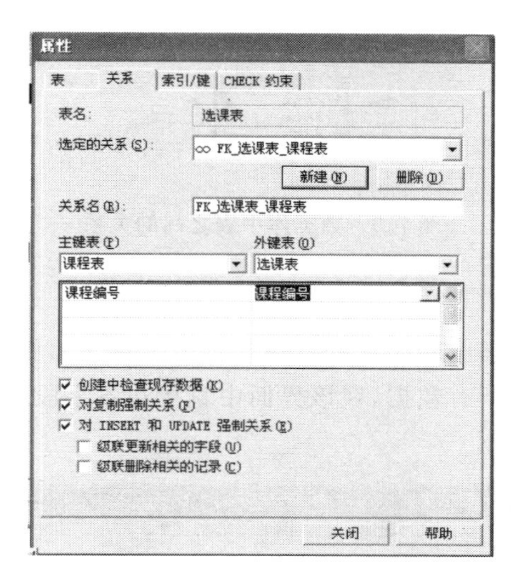

图 7.7 设置课程表与选课表关系

(9) 与上面方法相似,建立选课表的学号与课程表的学号之间的参照关系,如图 7.8 所示。

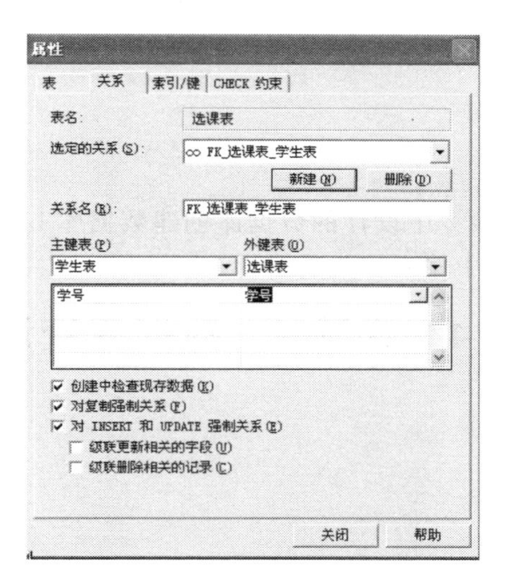

图 7.8 学生表与选课表的关系

(10) 关系建立完成后,执行“xsxk”数据库下的“关系图”功能,可以调出关系视图,并可以从关系图中看到 3 个表之间建立的参照关系,如图 7.9 所示。

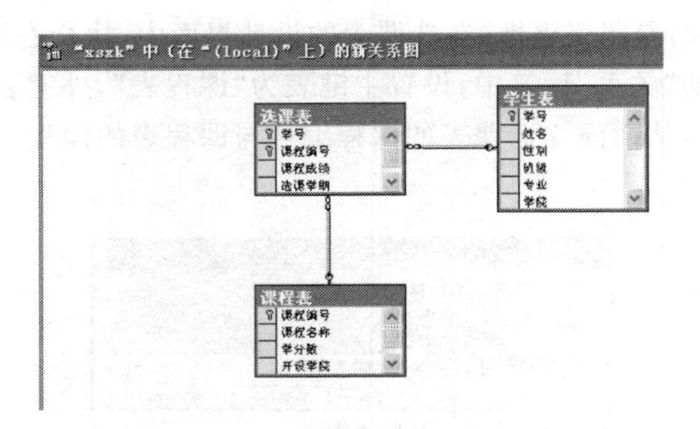

图 7.9　数据库中表之间的关系

3. 输入数据

下一步向创建的各个表中输入数据。在学生表上单击右键，执行“打开表|返回所有行”命令，即可打开表中的所有数据，在该界面中直接在各字段下方输入相关数据即可，如图 7.10 所示。

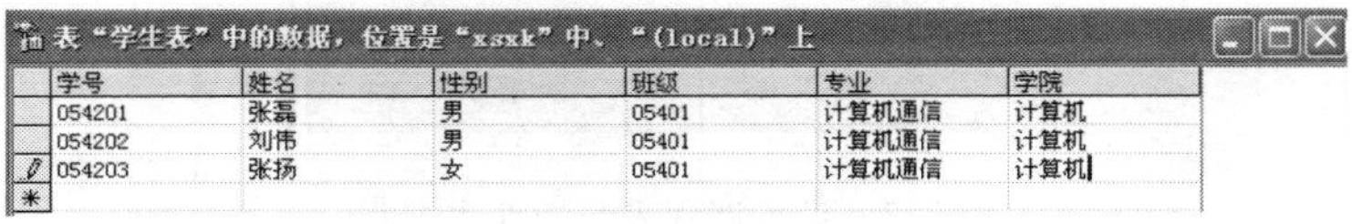

表“学生表”中的数据，位置是“xsxk”中、“(local)”上

学号	姓名	性别	班级	专业	学院
054201	张磊	男	05401	计算机通信	计算机
054202	刘伟	男	05401	计算机通信	计算机
054203	张扬	女	05401	计算机通信	计算机

图 7.10　向表中输入数据

在输入内容的时候一定要符合字段的限制和表之间的联系，否则输入将不被接受。

实验作业

在企业管理器中为实验 2 中设计的数据库创建数据库 bjgl，将设计的数据库表创建到 bjgl 数据库中，并向各表中输入相关数据。

7.4　实验 4　数据库查询

实验目的

使用查询分析器进行简单数据库的查询。

实验准备

安装了 SQL Server 2000 数据库服务器的计算机。

实验内容

(1) 打开查询分析器,输入正确的验证密码,进入查询分析器,选择 xsxk 数据库。

(2) 查询学生表的信息,在条件输入栏中输入 SQL 语句:“select * from 学生表;”,单击工具栏上的“运行”按钮,即可得到学生表中的所有信息,如图 7.11 所示。

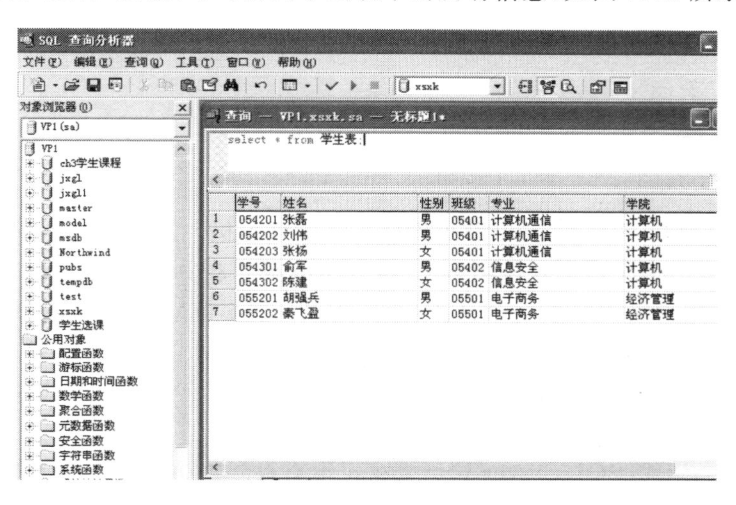

图 7.11 查询学生表中全部信息

(3) 练习使用下面 SQL 语句查询计算机学院学生的学号和姓名:

```
select 学号,姓名 from 学生表 where 学院 ='计算机';
```

(4) 练习使用下面 SQL 语句查询选修了课程的学生学号:

```
select 学号,姓名 from 学生表
where 学号 in (
  select DISTINCT 学号 from 选课表);
```

(5) 练习使用下面 SQL 语句查询每个学生的情况以及他所选修的课程:

```
select * from 学生表,选课表 where 选课表.学号 = 学生表.学号
```

实验作业

(1) 查询课程表的信息。

(2) 查询经济管理学院学生的学号和姓名。

(3) 查询没有选修课程的学生学号。

(4) 查询每个学生的情况以及他所选修的成绩不及格的课程。

7.5 实验 5 数据库安全性控制

实验目的

了解 SQL Server 的安全模式,掌握登录、用户、权限操作。

实验准备

(1) 安装了 SQL Server 2000 数据库服务器的计算机。

(2) 预备知识,一个用户要使用 SQL Server 的服务器中的数据要过三关:

① 第 1 关,用户必须登录到 SQL Server 的服务器实例(用户必须有登录名);

② 第 2 关,在要访问的数据库中,用户的登录名要有对应的用户账号;

③ 第 3 关,用户账号在相应的数据库中要具有访问相应数据对象的权限。

SQL Server 有 3 种安全模式,参考登录模式。

- 标准安全模式:SQL Server 自己来决定谁有权限来访问这个服务器。
- Windows NT 集成安全模式:使用了集成安全模式以后,安全认证工作就全部由 Windows NT来完成。也就是说,所有的 Windows NT 账户都可以访问 SQL Server。
- 混合安全模式:混合安全模式有标准安全模式和集成安全模式两种模式的好处。可以把 Windows NT 的账户和 SQL Server 的账户混合在一起用。

实验内容

(1) 设置 SQL Server 2000 的安全认证模式为混合安全模式。

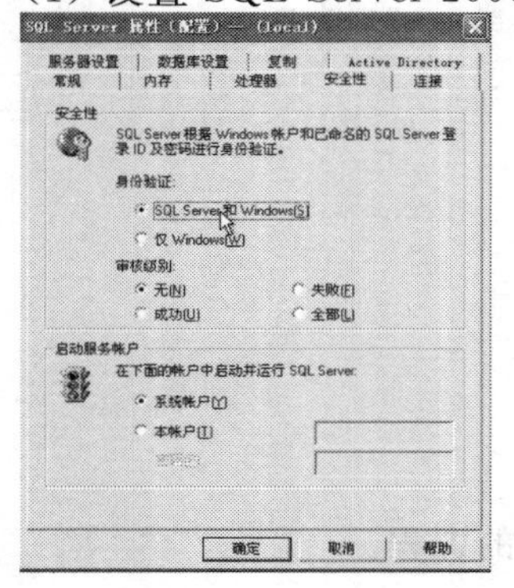

图 7.12 设置安全性为混合模式

① 在企业管理器的“Microsoft SQL Server|SQL Server 组|(local)(Windows NT)”上单击右键,在右键菜单中选择“属性”功能,设置数据库服务器实例的属性。

② 在数据库服务器实例属性的“安全性”标签页面下将身份认证方式改为 SQL Server 和 Windows,即混合模式,如图 7.12 所示。

(2) 创建一个登录,名为 user1,默认访问 PUB 数据库,用这个登录名进入查询分析器,发现不能访问 xsxk 数据库。

① 打开企业管理器的“Microsoft SQL Server|SQL Server 组|(local)(Windows NT)|安全性|登录”，单击“登录”，打开登录工作区。在登录工作区(位于右侧)空白区域内单击右键，选择“新建登录”命令。

② 在新建登录的“常规”标签中输入登录名 user1，身份验证选择 SQL Server 身份认证，并输入密码，在“数据库”位置处选择 pubs 数据库，如图 7.13 所示。

③ 在“数据库访问”标签中选择访问 pubs 数据库，如图 7.14 所示。

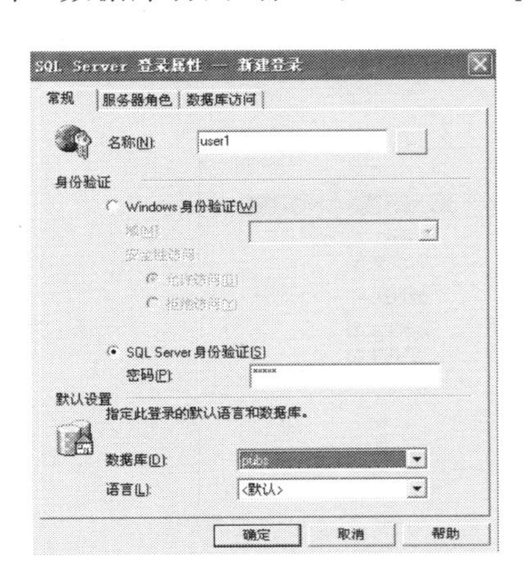

图 7.13 设置新登录数据库用户

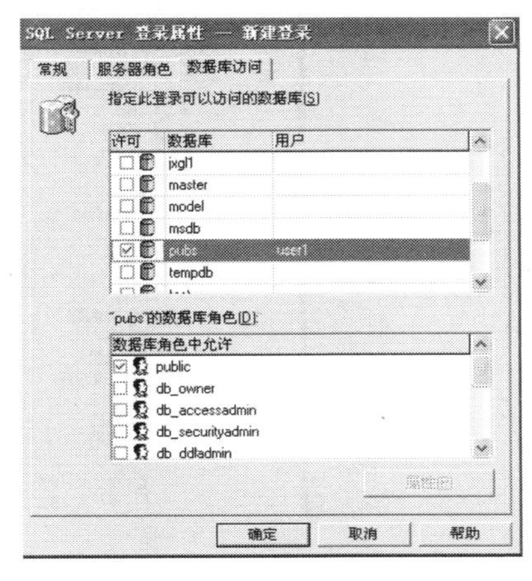

图 7.14 设置数据库访问

④ 再次输入密码，确认用户密码，单击“确定”，即创建好了一个登录 user1，并且该登录在 pubs 数据库中自动建立了 user1 用户。我们可以在企业管理器的“Microsoft SQL Server|SQL Server 组|(local)(Windows NT)|安全性|登录”中发现 user1 登录，在企业管理器的“Microsoft SQL Server|SQL Server 组|(local)(Windows NT)|数据库|pubs|用户”中发现 user1 用户。

⑤ 打开“查询分析器”，使用 user1 登录查询分析器。

⑥ 发现默认的登录数据库是 pubs，并且可访问数据库中没有 xsxk 数据库，如图 7.15 所示。

图 7.15 访问的数据库范围

(3) 在 xsxk 数据库中为 user1 登录创建一个相应的数据库用户，名为 user1，此时用 user1 登录查询分析器可以访问 xsxk 数据库。

① 在 xsxk 数据库的“用户”工作区的空白处单击右键，选择“新建数据库用户”，如图 7.16 所示。

图 7.16　创建一个新的数据库用户

② 输入 user1 这个登录名在该数据库中的用户名，假定为 user1(也可以是别的名字)，确定后就为 user1 登录在 xsxk 数据库中创建了一个访问用户，如图 7.17、图 7.18 所示。

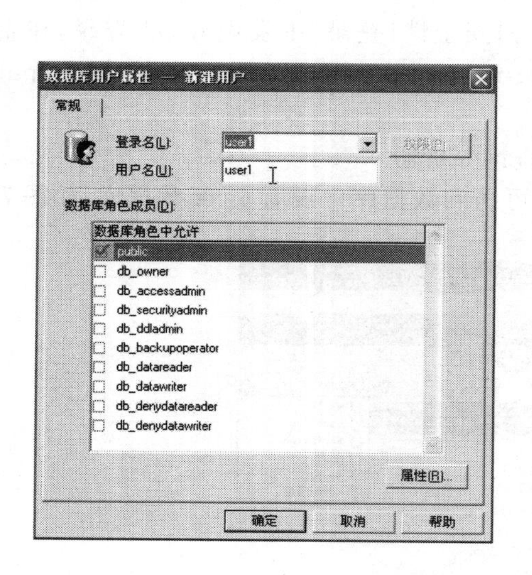

图 7.17　设置登录名所对应的用户名

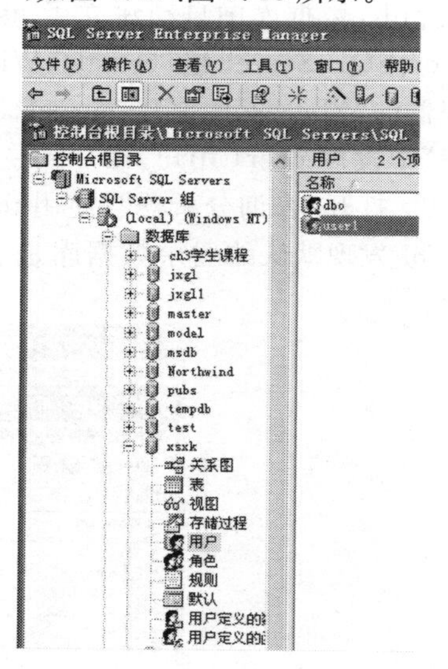

图 7.18　user1 登录在 xsxk 数据库中对应的 user1 用户

③ 再次使用 user1 登录进入查询分析器，发现可以访问 xsxk 数据库了，具体操作可以参考图 7.15。

(4) 为 xsxk 数据库的 user1 用户分配权限并进行检查。

① 选中 user1 用户，执行右键菜单中的“属性”命令。

② 在数据库用户属性对话框中单击"权限"按钮，进入用户权限设置对话框，如图 7.19 所示。

③ 选择要授予权限的对象一学生表，单击"列"按钮，定义该用户能用 select 操作访问的属性——专业、姓名、学号等字段，如图 7.20 所示。

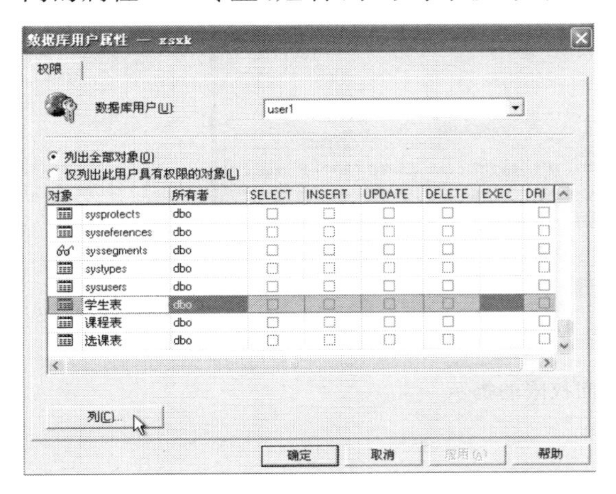

图 7.19　数据库用户权限设置

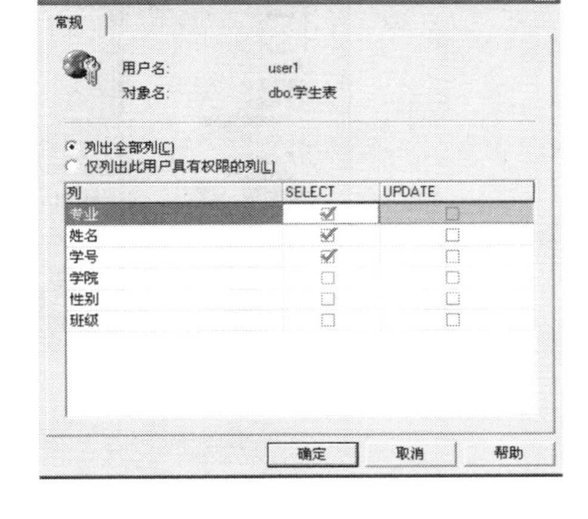

图 7.20　设置访问的列对象

返回后出现相应的权限标识，如图 7.21 所示。

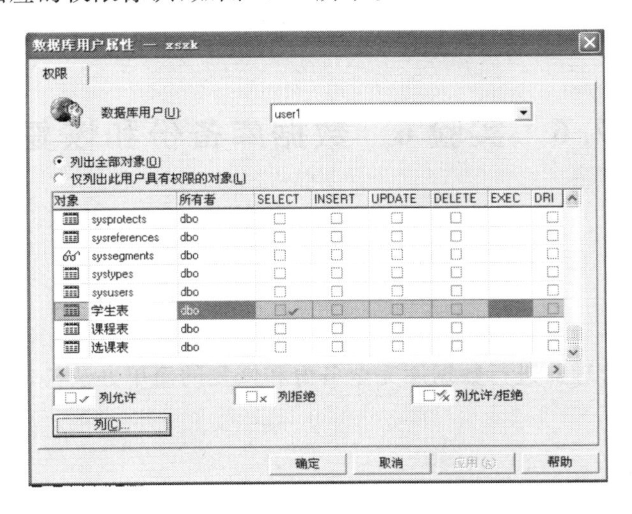

图 7.21　设置了用户访问权限的界面

④ 在查询分析器中用 user1 登录，执行"select * from 学生表"，系统会提示发现缺少对学院、班级和性别的访问权限，如图 7.22 所示。

⑤ 执行"select 学号，姓名，专业 from 学生表"，可以正常执行。

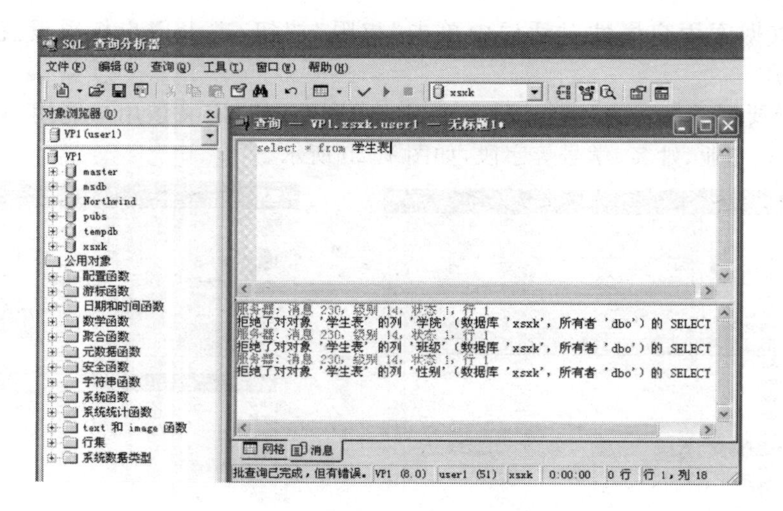

图 7.22　访问权限的提示

实验作业

建立登录 user2，并允许其访问 bjgl 数据库，对 bjgl 数据库中的表进行权限设定并验证。

7.6　实验 6　数据库备份和恢复

实验目的

学习使用企业管理器进行数据库完全备份和恢复的简单办法。

实验准备

安装了 SQL Server 2000 数据库服务器的计算机。

实验内容

1. 创建备份设备

(1) 选择企业管理器的"Microsoft SQL Server|SQL Server 组|(local)(Windows

NT)|管理|备份”,在右侧的备份工作区空白处单击右键,选择“新建备份设备”命令。

(2) 指定备份设备的名字 xsxkbak,并且指定对应的物理文件为 c:\xsxkbak.bak 文件,如图 7.23 所示。

(3) 单击“确定”后,系统成功创建备份设备,在企业管理器的“Microsoft SQL Server|SQL Server 组|(local)(Windows NT)|管理|备份”右侧工作区中会出现刚刚创建成功的 xsxkbak 备份设备。

2. 对 xsxk 数据库进行完全备份

(1) 选中 xsxk 数据库,单击右键,执行右键菜单中的“所有任务|备份数据库”命令。

(2) 在“备份”对话框中的“目的”处单击“添加”按钮,如图 7.24 所示。

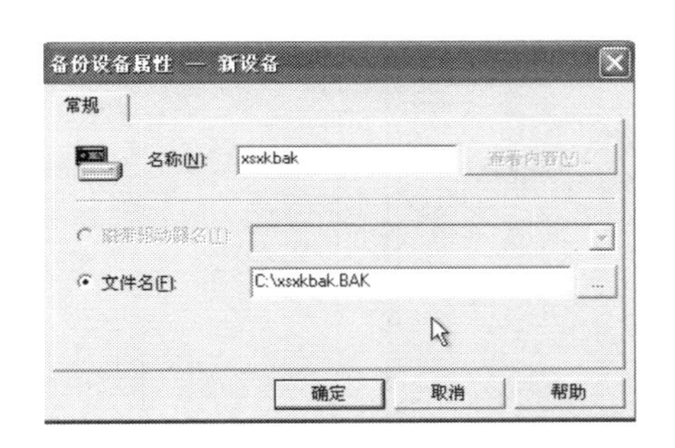

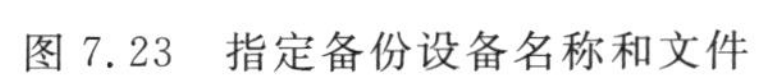

图 7.23 指定备份设备名称和文件

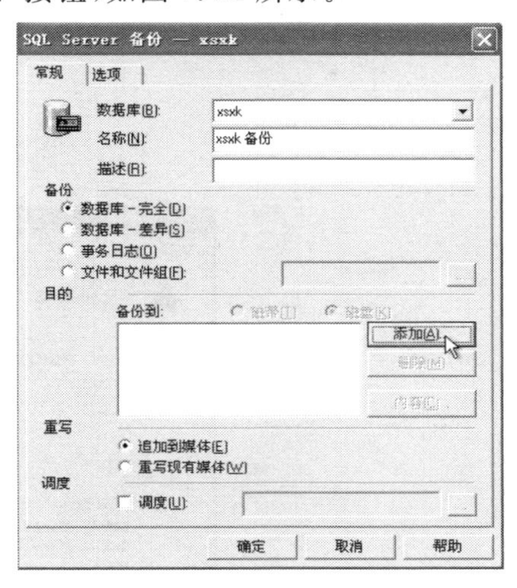

图 7.24 添加备份设备

(3) 在“备份设备”处选择前面建立的备份设备 xsxkbak。

(4) 单击“确定”后回到“备份”对话框,选择“数据库|完全”选项,对数据库进行完全备份,单击“确定”,开始备份过程。

(5) 备份完成后,系统会提示备份成功。

3. 删除数据库并进行恢复

(1) 在 xsxk 数据库上单击右键选择“删除”,将数据库删除。

(2) 在数据库工作区的空白处单击右键,执行“所有任务|还原数据库”命令,如图 7.25 所示。

(3) 在还原数据库对话框中,单击“选择设备”按钮,选择从哪个设备恢复数据库,如图 7.26 所示。

(4) 在调出的“选择还原设备”对话框中,单击“添加”按钮,如图 7.27 所示。

(5) 在“备份设备”处选择 xsxkbak。

(6) 在“还原数据库”对话框中单击“查看内容”按钮,可以查看备份设备中的所有备份信息,如图 7.28 所示。

(7) 如果该设备上保存了多个备份版本,选择要还原的备份。

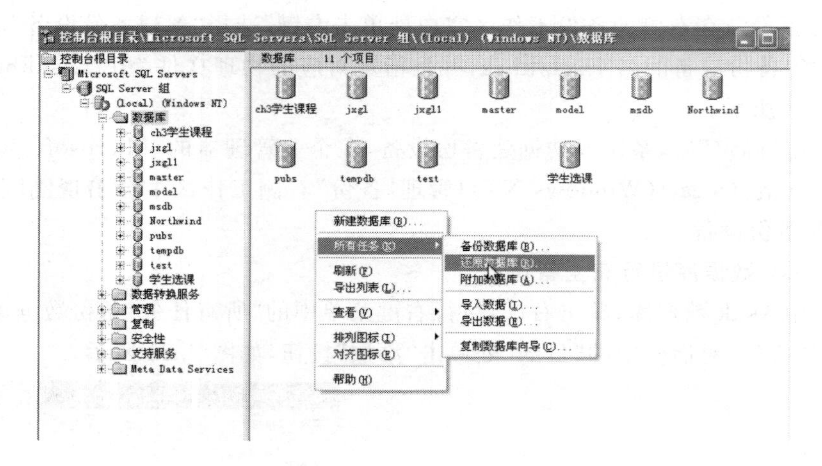

图 7.25 还原数据库

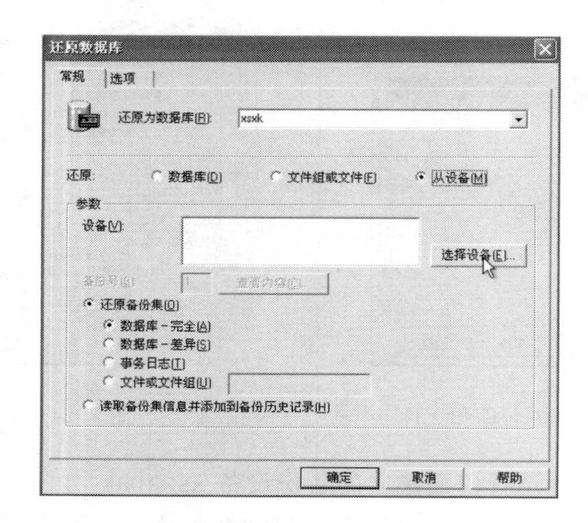

图 7.26 选择还原设备

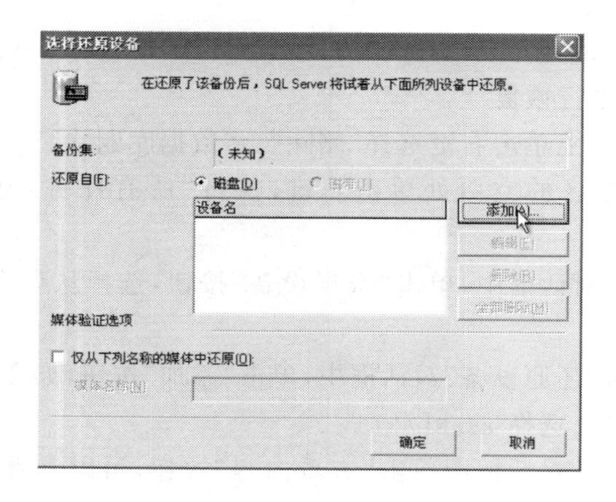

图 7.27 添加还原设备

图 7.28　查看备份设备的备份信息

(8) 单击"确定"后还原完成，资源树中又出现了 xsxk 数据库。

实验作业

创建 bjglbak 备份设备，并备份和还原 bjgl 数据库。

第8章 多媒体技术基础

8.1 实验1 多媒体硬件的认知

实验目的

了解多媒体硬件组成。

实验准备

准备一台安装了 Windows 7 系统的计算机。计算机多媒体的硬件包括声卡、音响、耳机、麦克风、摄像头、光驱、显卡、显示器、扫描仪、绘画板等各类音视频输入、输出、采集、转换设备。

实验内容

1. 观察计算机外观

(1) 在不启动计算机的情况下,观察计算机外观,将能看到的硬件部件记录下来;观察鼠标、键盘、声卡、音响、耳机、麦克风、摄像头、光驱、显卡、显示器、扫描仪、绘画板、MIDI设备等各类音视频输入、输出、采集、转换设备及其连接关系。

(2) 在允许的情况下,打开计算机主机箱,观察主机箱内的硬件设备,找到声卡、显卡、采集卡、电源等设备,注意插口之间的连接方式。

(3) 在允许的情况下,将内存取下,再安插回去,体验计算机的组装过程。

2. 查看计算机硬件配置

下面以 Windows 7 为例,查看计算机的硬件配置。

(1) 将鼠标移到桌面"计算机"图标上单击右键,执行"属性"命令,出现如图 8.1 所示的属性界面，可以查看。

图 8.1 计算机属性

(2) 单击图 8.1 中左上角的“设备管理器”选项，出现如图 8.2 所示设备管理器界面，在其中可以查看系统中安装的声音、显示等各种设备。

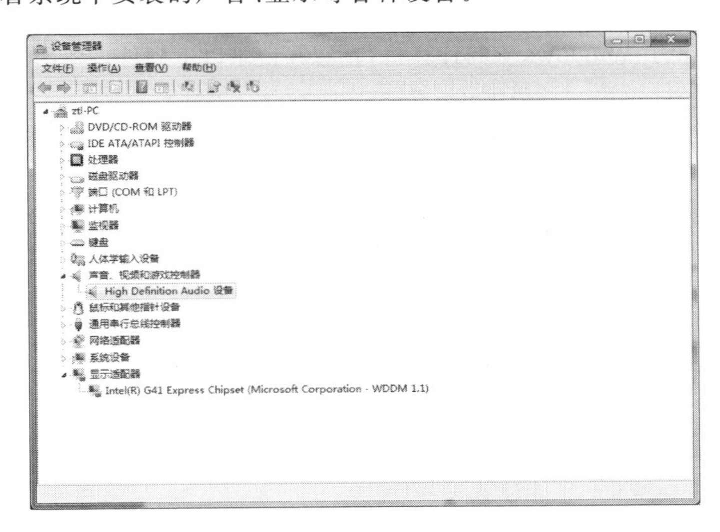

图 8.2 设备管理器

(3) 单击图 8.2 左侧的“显示适配器”，如图 8.3 所示，可以查看显示器的配置和状态。

图 8.3 显卡资源

实验作业

找到一台安装了 Windows 7 的计算机，查看并记录以下硬件设备的配置信息。

声卡：________________ 显卡：________________ 鼠标：________________

键盘：________________ 光驱：________________。

8.2 实验 2 图形图像输入编辑实验

实验目的

了解使用 Corel Painter、PhotoShop 等图形图像图片编辑工具。

实验准备

一台安装了 Corel Painter、PhotoShop 的计算机，配备手写输入设备(推荐使用数位板)。如图 8.4 所示，数位板是计算机的手写输入设备，承担了输入各种图形、绘制信息的功能，可提高输入效率和效果，是使用多媒体计算机的常用工具。

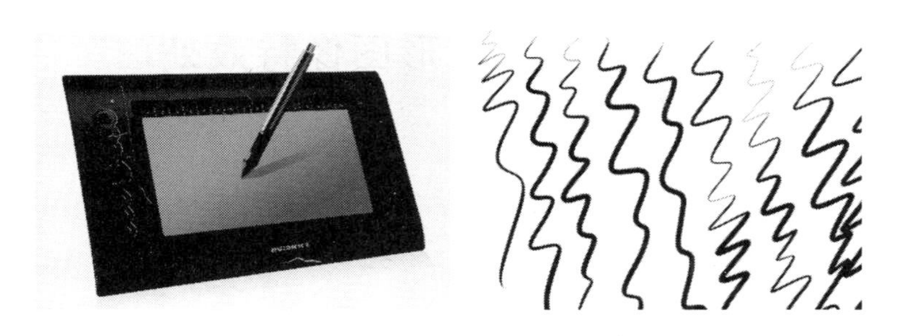

图 8.4　手写输入设备

实验内容

使用多媒体输入设备数位板等设备进行手写输入实验。

1. 压感级别实验

压感级别就是用笔轻重的感应灵敏度：压感现在有 3 个等级，分别为 512（入门）、1 024（进阶）、2 048（专家）。

测试方法：放大画布，看线条的粗细变化是否匀称，变化越均匀说明压感越高，注意还有部分软件还不支持 2 048 压感。

2. 分辨率实验

分辨率某种意义上可理解成数码相机的像素：常见的分辨率有 2 540、3 048、4 000、5 080，分辨率越高板子的绘画精度越高，早期数位板精度不够的时候，将笔放在数位板上光标可能因为精度不足而不断抖动，现在已经很少出现这个问题了。

原理：假设数位板的实际使用面积是由无数细小的方块组成的，分辨率的高低就是指单位面积里方块数量的多少，方块越多，那么每画一笔，可读取的数据就越多，相同的一笔，分辨率越高，信息量越大，线条越柔顺。

测试方法：线条是由细小的方块组成的，把画布放大到 800%，然后看组成线条的方块是否均匀，越均匀，则分辨率越高。

实验作业

用鼠标或者数位板在画笔 MSPaint 或者 Corel Painter、PhotoShop 中绘制图形，并保存为各种格式的图片文件。

8.3 实验3 图形图像特效处理

实验目的

利用图形处理软件进行图像效果处理。

实验准备

安装 Corel Painter 软件。在 Corel Painter 软件中,画笔中的克隆笔是一种独特的笔刷,它主要用来艺术化地复制图像。使用克隆功能可以在原图像基础上“克隆”出具有各种绘画风格的作品。它不但可以更改整个画面的笔触、色调,还可以对原作的任何一部分进行修改,以达到更加独特、自由的艺术效果。

实验内容

(1) 选画。使用克隆功能主要就是为了让普通的照片有独特、自由的艺术效果。所以我们要选择一张色彩鲜艳的图片,如图 8.5 所示。

(2) 准备。打开软件。在“文件”菜单下选择“打开”命令,选择已经选好的图片。在“画布”菜单下选择“调整大小”,把这张图的分辨率改大,宽和高适当加大。如图片大小为 1 000×750×300,如图 8.6 所示。

图 8.5 选择图片源

图 8.6 调整图片分辨率

接下来使用“文件”菜单下的“快速克隆”命令，系统会复制出一张一样的图，如图 8.7 所示。

图 8.7　图像快速克隆功能

(3) 绘画。在画笔中选择“克隆笔”的“粉笔克隆笔”，当然大家可以按照喜好选择笔头。单击色彩面版中的克隆色彩按钮，这时画笔就使用克隆源中的颜色了。在这里介绍克隆最简单的办法，新建图层，在“效果”中选择“自动克隆”，提交命令，这时系统会在图层上自动铺满笔触，我们要在适当的时候单击画布，“自动克隆”就会停止。调整画笔参数，反复渲染多次，调出满意效果，如图 8.8 所示。

图 8.8　调整画笔参数

(4) 细画。在画笔中选择“克隆笔”的“柔化克隆笔”，给画面进行细致绘画。一定要按照图片内容的走向进行绘画，如图 8.9 所示。

(5) 修饰。为了让主体物突出，接下来要做的就是让背景层模糊。换回“粉笔克隆笔”，依然使用“克隆色彩”功能。调动笔头大小，使笔头稍大一点，随意的在背景涂画。

(6) 完成。这样一幅带有粉笔风格的作品就完成了，如图 8.10 所示。

图 8.9　使用克隆笔绘画

图 8.10　粉笔风格制作结果

实验作业

选择一幅图片作为素材，使用 Corel Painter、PhotoShop 等图像处理软件，进行油画克隆、调整对比度、去除背景等图像处理，对图片任何一部分进行修改，以达到各类独特、自由的艺术效果。

8.4　实验 4　视频处理实验

实验目的

掌握从视频文件中截取音频的技巧方法。

实验准备

一台安装了 Windows 7 操作系统、格式工厂 FFSetup220 软件的计算机。格式工厂是一款免费的万能的多媒体格式转换软件。不仅可以实现同类多媒体文件之间的相互转换，而且可以对不同类型多媒体文件进行抽取、转换、处理等。

实验内容

实验中，进行对指定视频中截取音频，步骤如下。

（1）格式工厂 FFSetup220 的安装

执行格式工厂 FFSetup220 安装程序，按照安装向导提示，将格式工厂 FFSetup220 安装完毕。

（2）实验操作

① 打开格式工厂，选择左侧的“音频”，本例采用 MP3 格式选择“所有转到 MP3”，如图 8.11 所示。

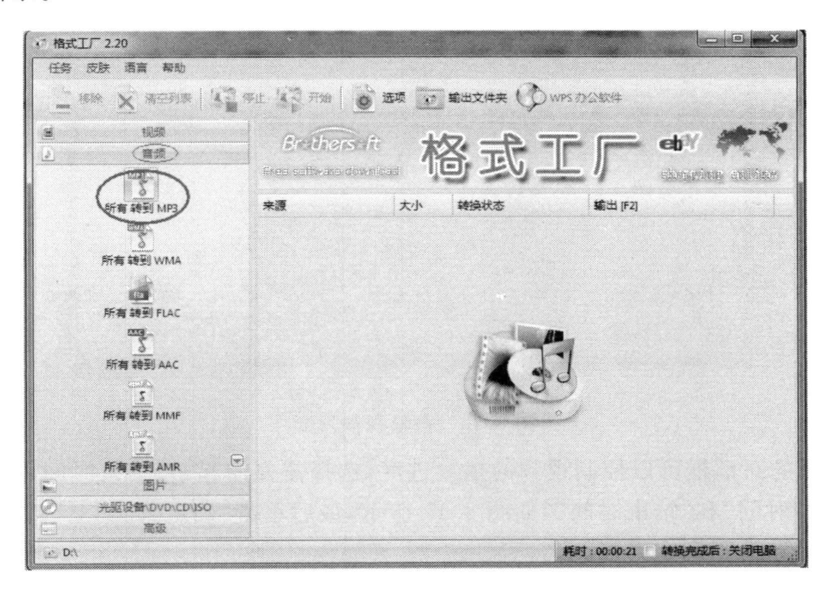

图 8.11　打开格式工厂程序

② 在弹出的对话框中，单击右上角的“添加文件”可以添加待提取的视频；单击下方的“浏览”，可以改变提取的音频文件的输出文件夹，如图 8.12 所示。

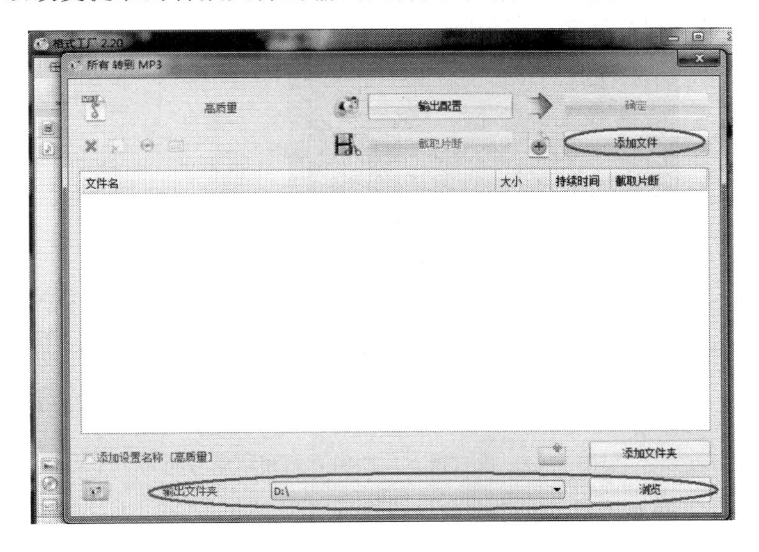

图 8.12　音频文件的输出设置

③ 本例添加一个视频，并设置输出文件夹为 D:\。添加文件后，可以根据需求选择截取某一片断，单击“截取片断”，如图 8.13 所示。

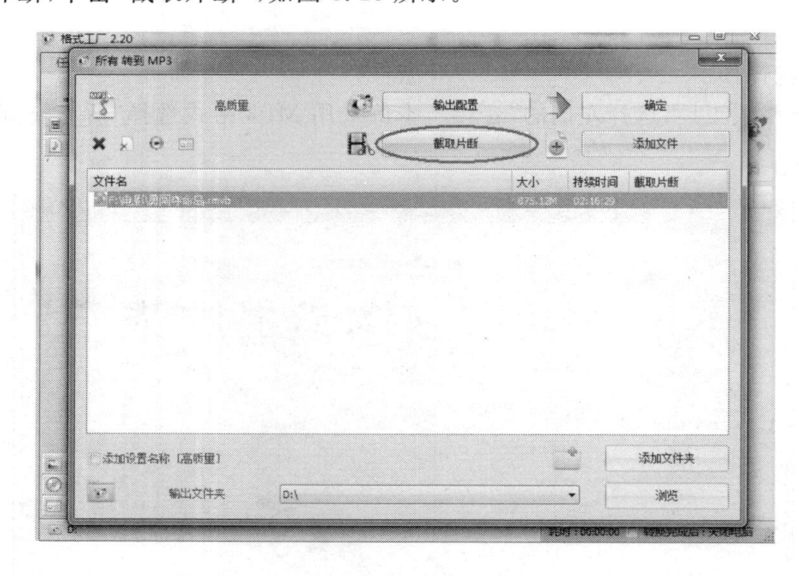

图 8.13　截取视频片断

④ 弹出的对话框可以控制视频的播放进度，选择需要的起始、结束时间点，分别单击下方的“开始时间”和“结束时间”，如图 8.14 所示，最后单击“确定”回到上一界面，再单击右上角“确定”，返回到主界面。

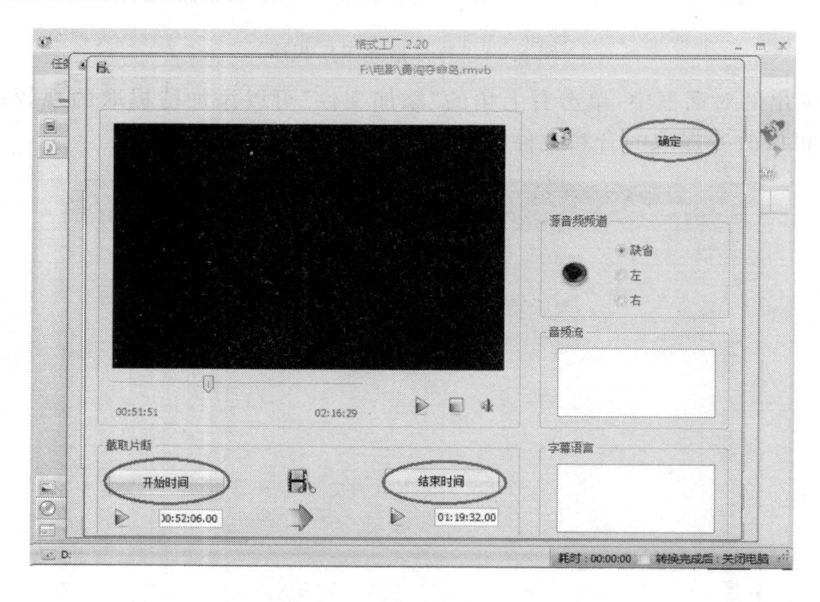

图 8.14　设置视频片断的开始和结束时间

⑤ 最后单击主界面工具栏的“开始”，转换任务开始。

实验作业

(1) 找到某视频素材,如电影、宣传片、领导会议讲话视频等,确定好截取录音片段的时间点,按照要求提取 MP3 录音文件。

(2) 转换成 AMR、WAV 等格式的音频文件。

8.5 实验5 数字音频处理实验

实验目的

掌握用录音机和 GoldWave 进行数字音频处理的方法。

实验准备

实验需要一台已经安装了 Windows XP 的计算机,并安装了声卡设备,连接耳机、麦克风等。安装音频处理软件 GoldWave。

准备知识如下:声音是由空气振动产生的一种物理现象,是一种连续变化的模拟信号。声音有两个基本参数:振幅和频率。振幅表示声音的大小、强弱;频率表示美妙变化的次数。单一频率的声波可以用一条正弦波来表示。但是,人们听到的声音都是多种频率声音混合到一起的,称为混音。人类能够听到的声音频率范围是 20 Hz~20 kHz。

音频的数字化过程分为采样、量化和编码 3 个步骤。

① 采样,是指在原来连续的音频信号时间轴上等间隔地获取波形瞬时幅值的过程。采样后,将得到原来波形信号上一系列的离散点,这些离散点叫做样本值。将每秒样本值的个数称为采样频率。

② 量化,是指将采样得到的样本值在幅值上以一定的级数离散化,以便能够用对应的二进制代码来表示。

③ 编码,是指将量化后的样本值按照对应的量化级别,用二进制经行表示的过程。音频信号占用的系统存储空间与采样频率和量化精度有关:

音频存储空间=采样频率×量化精度×采样时间

GoldWave 通过以上几个过程,完成对音频的处理。

实验内容

1. 获取声音

准备好以WAV和MP3两种格式保存的文件，WAV格式无压缩，音质好，能够忠实地还原自然声；MP3格式是压缩格式，在压缩比不大的情况下，音质也非常好。

2. 录制声音

在录制之前，把麦克风连接到声卡上，如果使用的是带麦克风的头带耳机，检查连接线是否接好。

(1) 使用"录音机"录制练习：如果录制小于1分钟的声音，可使用Windows自带的"录音机"软件录制，如图8.15所示。

操作步骤如下。

① 启动录音机软件，如图8.16所示。

图8.15 Windows录音机软件录制

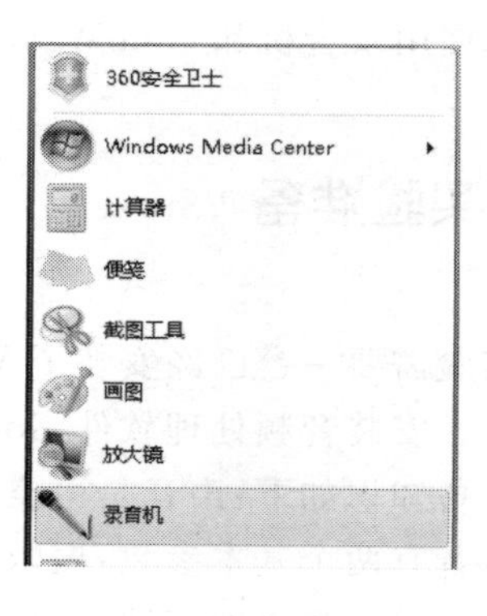

图8.16 启动录音机软件

② 单击录音按钮，开始录音。此时，进程滑块向右移动，到右端终点位置停止，时间正好1 min。

③ 单击"播放"按钮，聆听效果。如果不满意，选择"文件/新建"菜单，清除录音，重新进行步骤②。

④ 转换采样频率。选择"文件/属性"菜单，显示"声音的属性"画面。"声音的属性"画面自上而下显示了声音文件的版权、长度、数据大小、音频格式。其中的音频格式就是当前文件的采样频率。画面显示"PCM 44 100 Hz，16位，立体声"，对于语音来说，采样频率过高了，数据量过大，造成存储空间的浪费。单击"开始转换"按钮，显示"选择声音"画面。在"选择声音"画面的"属性"选择框中，选择适合语音的采样频率"22 050 Hz，8位，单声道22 kbit/s"，单击"确定"按钮。返回"声音的属性"画面，单击"确定"按钮。

提示：需要对任何音频文件进行采样频率转换时，可利用"录音机"的这一功能实现轻松转换。

⑤ 单击“播放”按钮，聆听效果。

⑥ 保存录音。选择“文件/另存为”菜单，指定保存的文件夹，为文件命名，单击“保存”按钮。

（2）使用 GoldWave 软件录制练习：希望录制任何时间长度的声音时，需要使用 GoldWave 软件进行录制。GoldWave 软件是专门用于音频处理的软件。

操作步骤如下。

① 启动 GoldWave 软件。

② 选择“文件/新建”菜单（见图 8.17），显示“新建声音”画面。由于录制的是语音，单击“语音”按钮。则声道形式是单声道，采样频率 11 025 Hz。

③ 在“新建声音”画面的长度输入框中，输入录制时间的长度值，如“20:00.000”（20 分 00 秒 000 毫秒）。设置完后，单击“确定”按钮 。音频编辑窗口显示一条直线。

④ 按下 Ctrl 键并保持住，单击播放器中的“录音”按钮，开始录音。

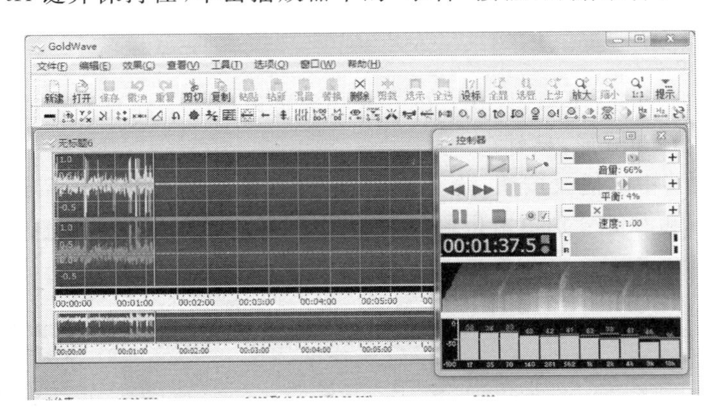

图 8.17　开始录音

提示：此时的录音按钮变成停止录音按钮。在录音过程中，一条垂直线从左至右移动，指示录音进程。

⑤ 希望结束录音时，单击录音停止按钮。音频编辑窗口显示录制的音频波形。

⑥ 单击播放器中的播放按钮，聆听录音效果。

⑦ 保存音频文件。选择“文件/另存为”菜单，显示“另存为”画面。在“另存为”画面中，指定保存路径，输入文件名“自己的声音.wav”，选择保存类型“Wave(*.wav)”，文件属性选择“8 位，单声道，无符号”，最后单击“保存”按钮。

3. 音频编辑

（1）设置软件工作状态。为了提高软件的运行效率、避免过分使用硬件设备，有必要设置 GoldWave 软件的工作状态。

操作步骤如下。

① 在音频编辑器中，选择“选项/文件”菜单，显示“文件选项”画面。

在该画面中，使如下选项有效：

- “反射打开”栏中的“总是”选项。
- “临时存储”栏中的“RAM”选项。
- “剪贴板”栏中的“GoldWave”选项。

② 设置完毕后，单击“确定”按钮。

③ 选择“选项/窗口”菜单，显示“窗口选项”画面。

在该画面中，使如下选项有效：

- “主窗口大小”栏中的“保存位置”选项。
- “声音窗口”栏中的“最大化”选项。
- “振幅轴”栏中的“规格化”选项。
- “时间轴”栏中的“分钟”选项。
- “初始缩放”选择框中的“全部”选项。此项使打开的音频文件全部调入编辑窗口。

④ 设置完毕后，单击“确定”按钮。

(2) 剪辑练习。声音剪辑包括：删除片段、粘贴片段、连接片段等。

操作步骤如下。

① 选择“文件/打开”菜单，打开音乐。音频编辑窗口的上面是左声道音频波形，呈绿色；下面是右声道音频波形，呈红色。

② 单击播放器中的播放按钮，聆听该音乐，确定保留的片段。保留最后的一个完整乐段，用鼠标左键和右键分别单击乐段的开始和结尾，将该乐段设置成选区。

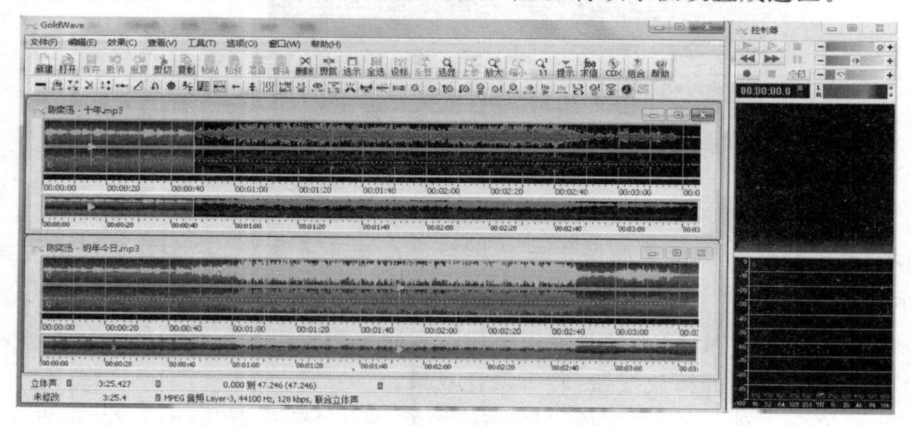

图 8.18　设置乐段区域

③ 单击音频编辑器顶部的“剪裁”按钮，选区外乐段消失，只留下选取乐段。

④ 单击播放按钮，聆听一遍，确认该乐段是否正确。如果不满意，单击“撤消”按钮，重新设置准确的选区。

提示：若希望设置准确的选区，使用(选区)按钮，将选区放大，设置起来方便了许多。设置完毕后，单击“全部”按钮，恢复整体显示。

⑤ 在音频编辑窗口单击，保留刚处理完的乐段。

⑥ 选择“文件/打开”菜单选择，打开另一个乐段。

⑦ 截取一段声音。用鼠标右键单击波形图，确定一段选区，该选区的宽度约为全部

声音的1/3。

⑧ 单击“复制”按钮，把选区内的声音复制到剪贴板中。

⑨ 关闭窗口，露出原来的片段。

⑩ 鼠标左键单击乐曲开始位置，单击(粘贴)按钮，剪贴板中的声音被粘贴到原乐段的前面。从头听一遍，体会效果。

⑪ 保存编辑结果。选择“编辑/另存为”菜单，显示“另存为”画面。在“另存为”画面中，保存路径选择“音频练习”，保存类型选择“Wave(*.wav)”。

文件属性采用默认模式。提示：该模式是当前打开的声音文件的属性，一般不做修改。为文件命名“音频剪辑.wav”。最后，单击“保存”按钮，保存“音频剪辑.wav”文件。

(3) 效果练习。为音乐添加一些特殊的效果，如淡入、淡出、增加回声、改变时间长度，这些都是声音处理比较常用的手法。

操作步骤如下。

① 选择“文件/打开”菜单，打开一段音乐。

② 聆听乐曲开始部分，当音乐结束的瞬间，单击播放器的暂停按钮。

③ 在暂停位置单击鼠标右键，确定选区的结束位置，然后单击播放器的停止按钮。

④ 单击“淡入”按钮，显示“淡入”设置画面。如果从无声开始逐渐过渡，不做调整，单击“确定”按钮。观察选区内的波形，其振幅从无到有。

⑤ 将乐曲末尾部分设置选区，单击“淡出”按钮，显示“淡出”设置画面。要使声音逐渐消失到零，直接单击“确定”按钮。选区内的波形振幅逐渐消失。

⑥ 淡入、淡出效果设置完成后，聆听效果。

⑦ 保存处理结果。文件取名为“淡入淡出效果.wav”。

软件中的“回声效果”常用于创造回荡于山谷的声响，还能起到润色声音的作用，这就是常说的“混响效果”。利用GoldWave软件的回声处理能力，可以对声音施加不同强度的混响效果。

提示：对乐曲施加混响效果不易察觉，但对于语音的作用很大。

4. 音频合成

(1) 为解说词配背景音乐练习。

(2) 制作“现场演唱版”练习。

效果制作脚本示例如下：

00:00-00:02 静音；

00:02-00:15 淡入；

00:15-01:12 第一段 单车；

01:12-01:28 淡出；

01:28-1:30 淡入；

01:30-02:28 第二段 浮夸；

02:28-02:30 淡出；

02:30-03:09 第三段 单车；

03:09-03:31 钢琴配乐 左声道静音；

03:31-04:13 混音单车浮夸；

03:10-03:28 淡出。

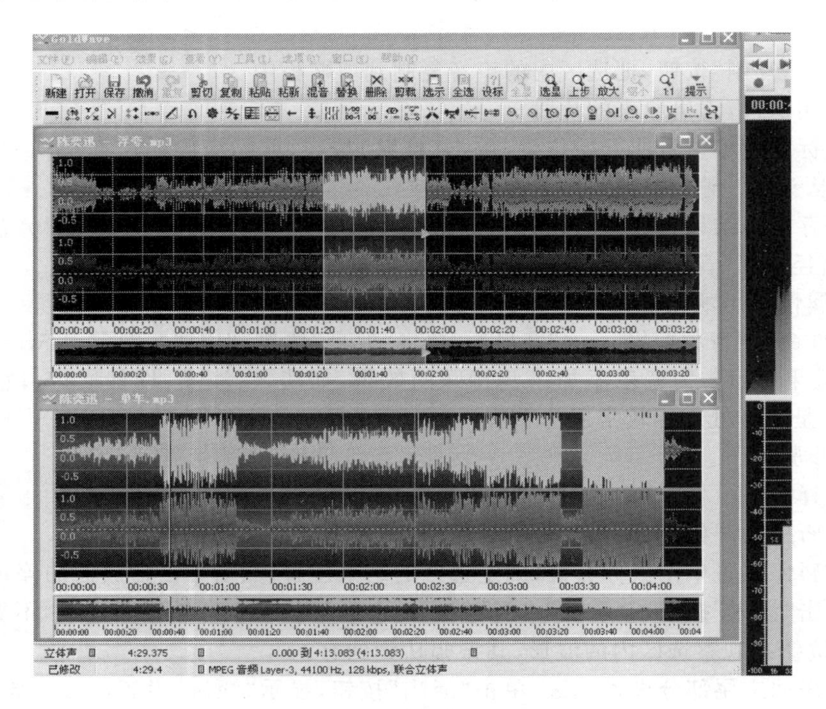

图 8.19　音频效果合成

实验作业

(1) 录制一段 WAV 音频文件，并将其转换为压缩音频文件，如 MP3、WMA 等，考察和比较不同音频文件的数据量。

(2) 选取一个 MP3 音频文件，利用 GoldWave 软件处理，实现淡入、淡出、混响等效果。

第9章 网络信息安全实验

9.1 实验1 病毒查杀实验

实验目的

掌握常用杀毒软件的使用方法,排除病毒对计算机系统的影响。

实验准备

360 杀毒是奇虎 360 科技有限公司完全免费的杀毒软件,它整合了五大领先防杀引擎,包括国际知名的 BitDefender 病毒查杀引擎、小红伞病毒查杀引擎、360 云查杀引擎、360 主动防御引擎、360QVM 人工智能引擎。5 个引擎智能调度,根据用户不同情况,智能选择最佳引擎组合,提供全时全面的病毒防护。

360 杀毒目前支持 Windows XP SP2 以上(32 位简体中文版)、Windows Vista (32 位简体中文版)、Windows 7 (32 位简体中文版)、Windows Server 2003/2008 等操作系统。

实验内容

运用 360 杀毒软件,进行病毒库更新、病毒查杀、常用设置等功能操作。

1. 安装 360 杀毒软件

首先通过 360 杀毒官方网站(http://sd.360.cn/)下载最新版本的 360 杀毒安装程序。双击运行下载好的安装包,弹出 360 杀毒安装向导。选择安装路径,建议按照默认设置即可。也可以单击“浏览”按钮选择安装目录,如图 9.1 所示。

如果计算机中没有 360 安全浏览器,会弹出推荐安装浏览器的弹窗。推荐同时安装 360 安全浏览器以获得更全面的保护,如图 9.2 所示。

图 9.1　360 杀毒软件安装路径选择

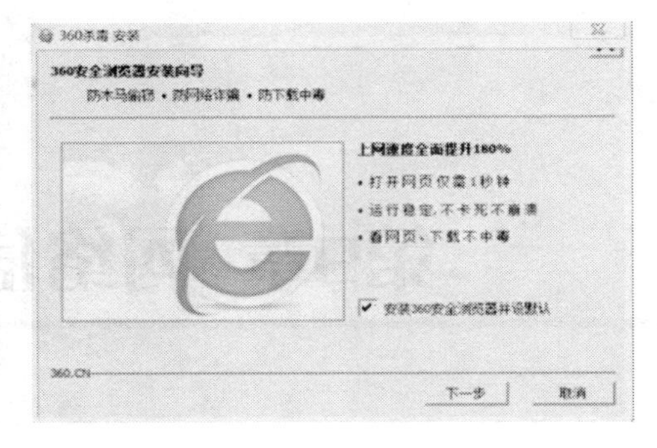

图 9.2　360 安全浏览器安装界面

单击“下一步”按钮，安装完成之后可看到 360 杀毒界面，包括快速扫描、全盘扫描、自定义扫描和宏病毒杀毒、电脑门诊、弹窗追踪和更多工具等功能，如图 9.3 所示。

图 9.3　360 杀毒主界面

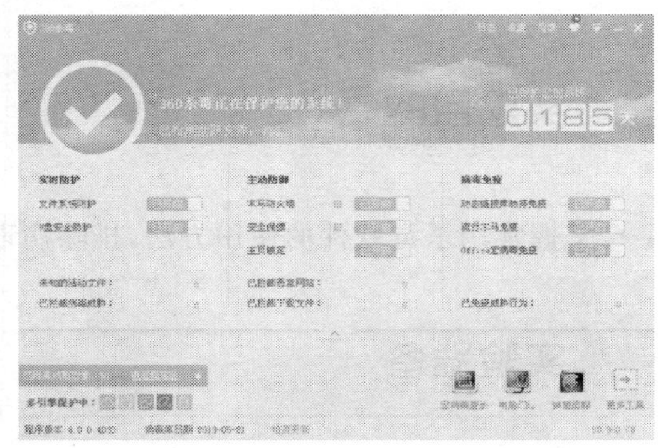

图 9.4　查看 360 杀毒主要设置界面

单击左上角标注“√”的地方，可以查看 360 杀毒的实时防护、主动防御、病毒免疫等功能的设置情况，如图 9.4 所示。

2. 病毒查杀

360 杀毒具有实时病毒防护和手动扫描功能，为系统提供全面的安全防护。

实时防护功能在文件被访问时对文件进行扫描，及时拦截活动的病毒。在发现病毒时会通过提示窗口，如图 9.5 所示。

360 杀毒提供快速扫描、全盘扫描、自定义扫描和宏病毒查杀 4 种病毒扫描方式，还包括“电脑门诊”、“弹窗追踪”和“更多工具”等功能。

- 快速扫描：扫描 Windows 系统目录及 Program Files 目录。
- 全盘扫描：扫描所有磁盘。
- 自定义扫描：扫描用户指定的目录。
- 宏病毒查杀：查杀 Office 文件中的宏病毒。
- 电脑门诊：帮助解决计算机上经常遇到的问题。
- 弹窗追踪：追踪屏幕右下角弹窗的来源。
- 更多工具：单击 360 杀毒主界面右下角“更多工具”按钮，可扩展显示“防黑加固”、

“系统急救”、“隔离沙箱”、“文件堡垒”、“断网急救”、“宏病毒查杀”等系统安全功能按钮；还包括“电脑清理”、“广告过滤”、“流量监控”、“任务管理”等系统优化工具。

在 360 杀毒主界面启动扫描之后，会显示扫描进度窗口，如图 9.6 所示。在这个窗口中可看到正在扫描的文件、总体进度，以及发现问题的文件。

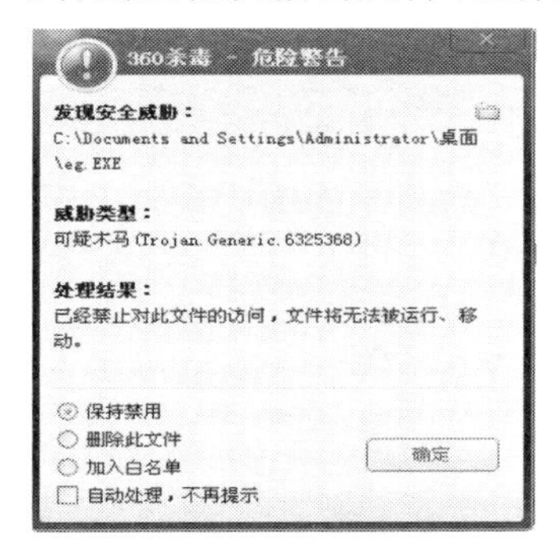

图 9.5　360 杀毒发现病毒提示窗口

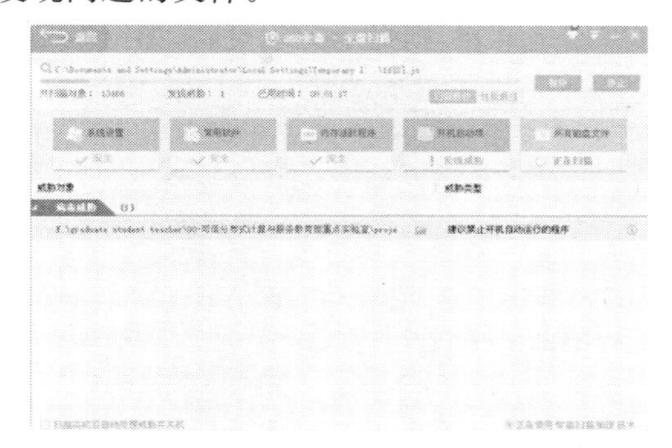

图 9.6　360 杀毒扫描进度窗口

360 杀毒日志记录病毒扫描、实时防护、产品升级、文件上传、系统性能等变化情况，通过日志可以一目了然地看到每一个杀毒的进程，还能及时了解计算机中正在运行的进程中是否存在未知文件，并选择是否提交给 360 安全中心进行分析。360 病毒查杀日志如图 9.7 所示。

图 9.7　360 杀毒查杀日志

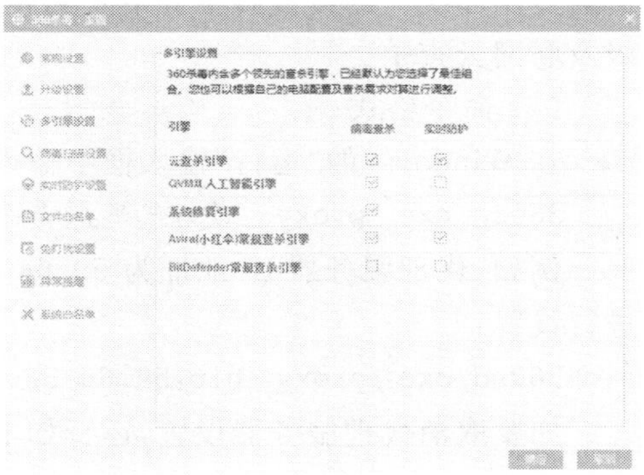

图 9.8　360 杀毒多引擎设置

如果希望 360 杀毒在扫描完计算机后自动关闭计算机，则选中“扫描完成后关闭计算机”选项。请注意，只有在将发现病毒的处理方式设置为“自动清除”时，此选项才有效。如果选择了其他病毒处理方式，扫描完成后不会自动关闭计算机。

3. 升级 360 杀毒病毒库

360 杀毒具有自动升级功能，单击主界面右上角的“设置”，打开设置界面后单击“升级设置”，如果选择了“自动升级病毒特征库及程序”，即开启了自动升级功能，360 杀毒会在有升级可用时自动下载并安装升级文件。自动升级完成后会通过气泡窗口提示：已成功升级到最新病毒库，病毒库发布日期××××。

360 杀毒默认不安装本地引擎病毒库，如果想使用本地引擎，则单击主界面右上角的“设置”，打开设置界面后单击“多引擎设置”，然后勾选上常规反病毒引擎查杀和防护，可以根据自己的喜好选择 Bitdifender 或 Avira 常规查杀引擎，选择好了之后单击“确定”按钮，如图 9.8 所示。

设置完成之后回到主界面，单击下方的“检查更新”按钮进行更新。升级程序会连接服务器检查是否有可用更新，如果有的话就会下载并安装升级文件，如图 9.9 所示。如果病毒库已是最新，则提示无须更新，如图 9.10 所示。

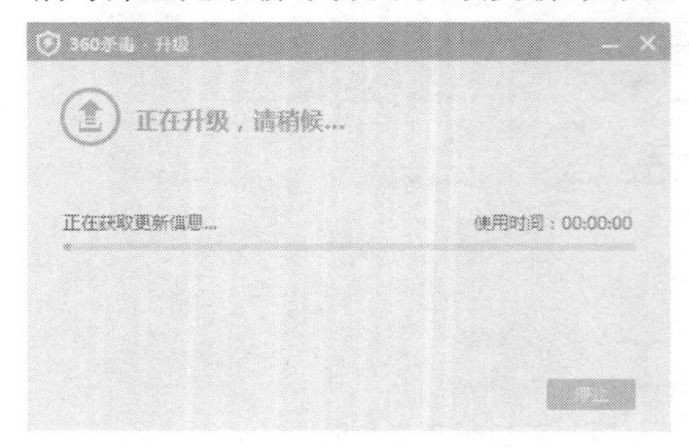

图 9.9　360 杀毒升级界面

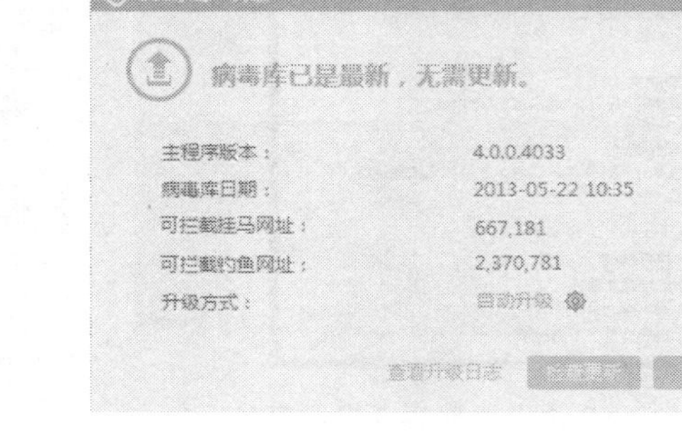

图 9.10　360 杀毒主程序版本界面

4. 使用脚本设置代理服务器

360 杀毒从 2.0.1.1329 版本开始，支持通过命令行方式设置代理服务器，网络管理员通过制作统一的设置脚本并下发到客户端计算机上执行，即可让客户端计算机进行升级及联网云查杀。

(1) 命令格式

在 Windows 的“运行”输入框中输入以下命令：

360sd.exe /proxy /hip:代理服务器 IP 地址 /hport:代理服务器端口号

例如，代理服务器 IP 地址为 59.64.33.91，端口为 8080，则可以采用如下命令行指令进行设置：

360sd.exe /proxy /hip:59.64.33.91 /hport:8080

如要取消代理服务器设置，运行如下指令：

360sd.exe /proxy /delinfo:1

(2) 设置代理服务器

客户端运行“设置代理.VBS”脚本，或者在 Windows“运行”对话框里直接输入命令，如图 9.11 所示。

如果是在 Windows 7 操作系统下，会看到“用户账户控制”对话框，请单击“是”允许程序运行；360 杀毒会自动检测是否需要使用代理服务器上网，如果不需要，则会有如图 9.12 所示的提示。

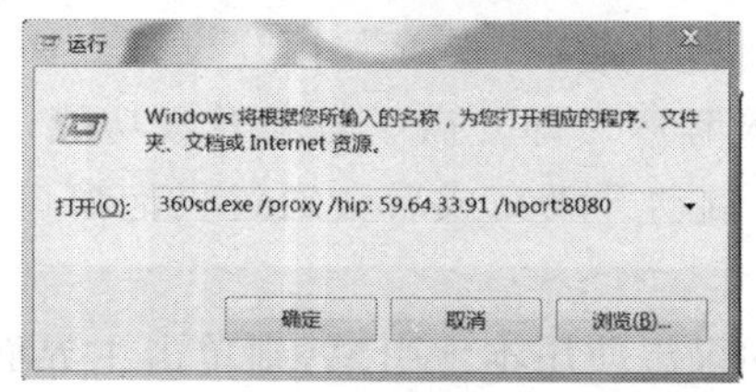

图 9.11　输入 360 杀毒代理服务器命令

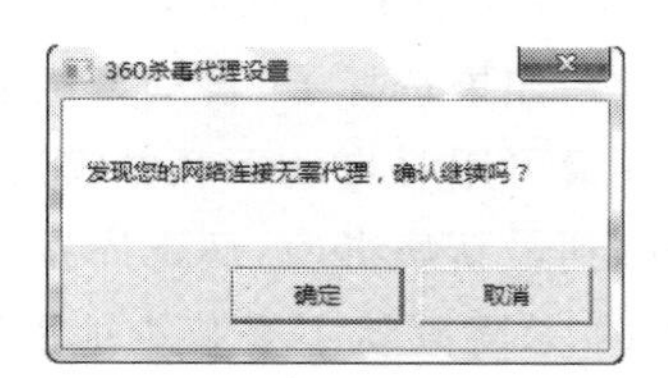

图 9.12　360 杀毒代理设置

如果发现需要代理服务器上网，360 杀毒会自动测试代理服务器连接，如果连接正常，则会提示设置成功，如图 9.13 所示。

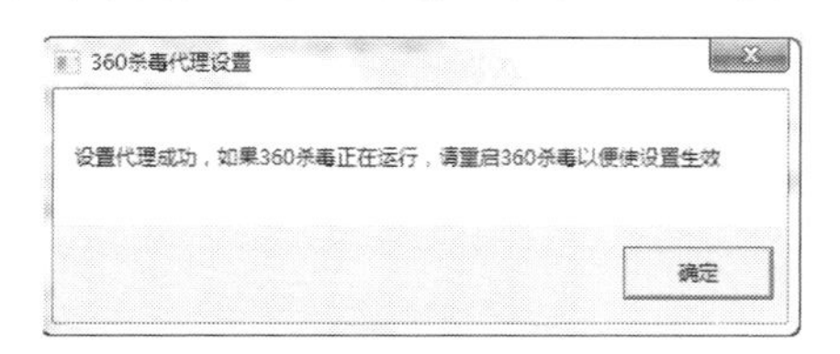

图 9.13 360 杀毒代理设置成功

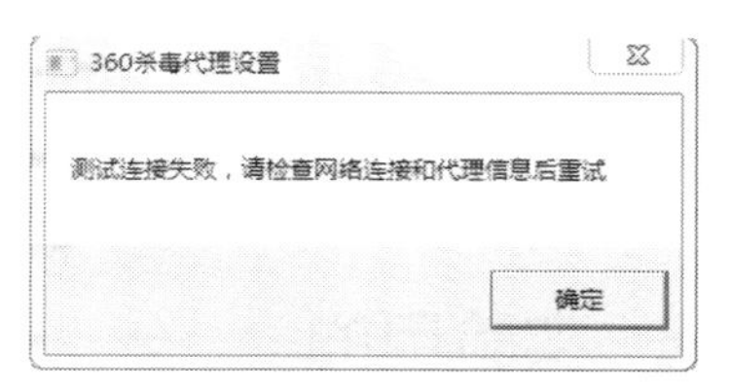

图 9.14 360 杀毒代理设置连接错误

如果测试发现代理服务器无法连接，则会提示错误，如图 9.14 所示。

设置完成后可前往客户端计算机上的 360 杀毒进行验证，打开 360 杀毒的“设置”对话框，并选择“升级设置”，即可看到代理服务器设置，如图 9.15 所示。

图 9.15 360 杀毒代理服务器设置验证

实验作业

(1) 运用 360 杀毒软件进行病毒库更新。

(2) 运用 360 杀毒软件进行病毒查杀。

(3) 运用 360 杀毒软件通过命令行方式设置代理服务器。

(4) 了解其他杀毒软件，尝试使用该软件进行病毒查杀和常用设置。

9.2 实验 2 加密与签名实验

实验目的

通过实验深入理解加密和数字签名的工作原理，掌握使用专门软件对文件进行加密和签名的方法。运用 PGP（Pretty Good Privacy）软件实现对文件的加密和数字签名过程。

实验准备

PGP 是一个基于公钥加密体系的文件加密软件，支持对文件的签名和加密功能，用户可以使用它在不安全的通信链路上创建安全的消息和通信。常用的版本是 PGP Desktop Professional（PGP 专业桌面版）。

实验内容

1. 软件安装

运行 PGP Desktop 安装文件，当安装程序出现重新启动的提示信息时，建议立即重启计算机，否则容易导致程序出错。安装好的 PGP Desktop 软件界面如图 9.16 所示。

2. PGP 密钥的创建

用 PGP 软件进行数字签名，实际上就是由 PGP 软件本身为用户颁发包括公、私钥密钥对的证书，所以要使用这款软件首先要做的就是密钥的生成。

(1) 选择“File”→“New PGP Key”菜单命令（或者按 Ctrl＋N 组合键）→PGP Key Generation Assistant（密钥生成向导）对话框→“下一步”按钮→Name and Email Assignment（名称及电子邮件分配）对话框，如图 9.17 所示。在此要为创建的密钥指定一个密钥名称和对应的邮箱地址。也可以用这个密钥对对应多个邮箱，只需单击 More 按钮，在添加的 Other Address 文本框中输入其他的邮箱地址即可。

(2) 单击 Advanced 按钮，打开 Advanced Key Settings（高级密钥设置）对话框。这里可以对密钥对进行更详细的配置。如 Key Type（密钥类型）、Key Size（密钥长度）、支持的 Cipher（密码）和 Hashes（哈希）算法类型等。除按默认选择外，最好在 Hashes 算法类型栏中多选择 SHA-1 算法，因为这种算法目前在国内的电子签名中应用较广。

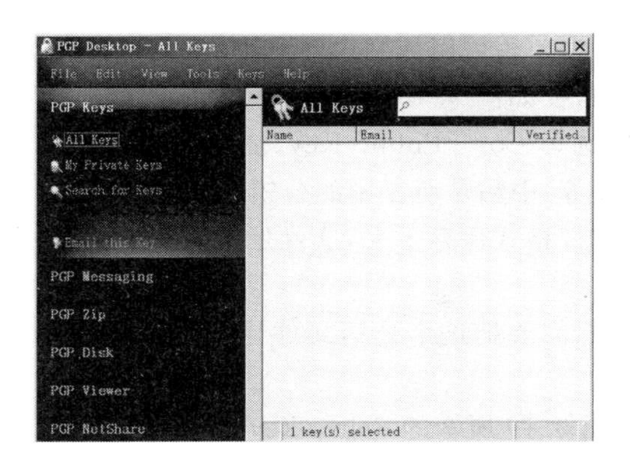

图 9.16　PGP Desktop 程序主界面

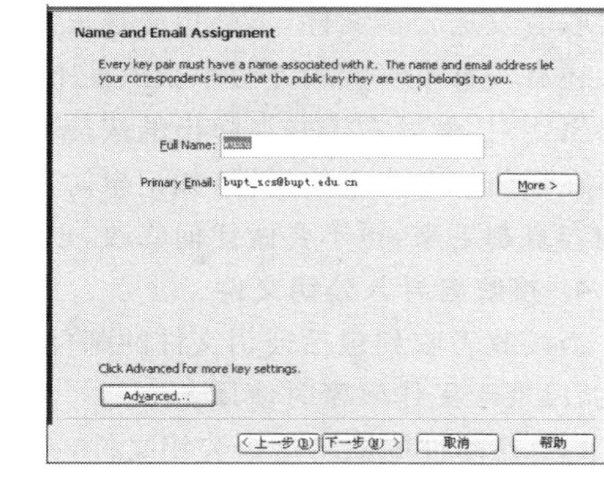

图 9. 17　“Name and Email Assignment”对话框

(3) 密钥配置好后单击“OK”按钮返回到如图 9.17 所示的对话框。单击“下一步”按钮，打开 Create Passphrase 对话框。这里可为密钥对中的私钥配置保护密码，最少需要 8 位，而且建议包括非字母类字符，以增加密码的复杂性。首先在 Passphrase 文本框中输入，然后在下面的 Re-enter Passphrase 文本框中重复输入上述密码。程序默认不明文显示所输入的密码，而仅以密码长度条显示。如果选择 Show Keystrokes 复选框，则在输入密码的同时会在文本框中以明文显示。

(4) 单击“下一步”按钮→Key Generation Progress(密钥生成进度)对话框→“下一步”按钮→Completing the PGP key generation Assistant(完成 PGP 密钥生成向导)→“Done”(完成)按钮→All keys 对话框(如图 9.18 所示)。此时，完成了一个用户的密钥创建。

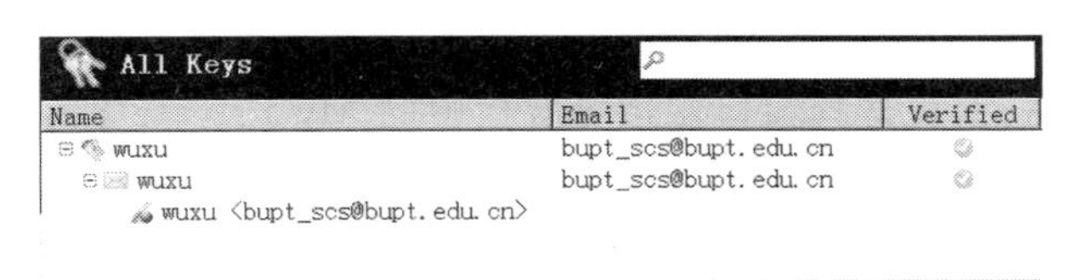

图 9.18　在 All Keys 窗口中显示的新建密钥

3. 公/私钥的获取

要利用包括公钥和私钥的证书进行文件加密和数据签名，首先就要把自己的公钥向要发送加密邮件的所有接收者发布，让接收者知道自己的公钥，否则接收者在收到自己的加密邮件时打不开。

(1) 用户自己导出公钥文件

在图 9.18 中选择自己的一个要用来加密文件的证书(带两个钥匙的选项，如 wuxu)并右击→选择 Export(导出)命令→Export Key to File(导出公钥到文件)对话框。

(2) 选择保存导出公钥的公钥文件存储位置，然后单击“保存”按钮即可完成公钥的导出。默认的文件格式为.asc。如果选中 Include Private Key(s)复选框，则同时导出私钥。因为我们的私钥不能让别人知道，所以在导出用来发送给邮件接收者的公钥中，不要选中此复选框。

公钥导出后就可以通过任何途径(如邮件发送、QQ、MSN 点对点文件传输等)向其他接收者发送公钥文件，不必担心被人窃取，因为公钥可以被别人知道。

还有一种更直接的方法来获取证书的公钥，在如图 9.18 所示的窗口中，选择对应的证书密钥对，然后右击并在弹出的快捷菜单中选择 Copy Public Key（复制公钥）选项，然后再在任何一个文本编辑器（如记事簿、写字板等）中粘贴所复制的公钥，则可把公钥的真正内容复制下来，再不要做任何修改，以.asc 文件格式保存下来，这就是公钥文件。

4. 接收者导入公钥文件

当接收者收到包括公钥文件的邮件时，他们需要把这个公钥文件导入到自己的计算机上，以便于工作解密时使用。

（1）在附件中双击这个公钥文件，打开如图 9.19 所示的 Select key(s)（选择公钥）对话框。在此对话框中显示了公钥文件中包括的公钥。

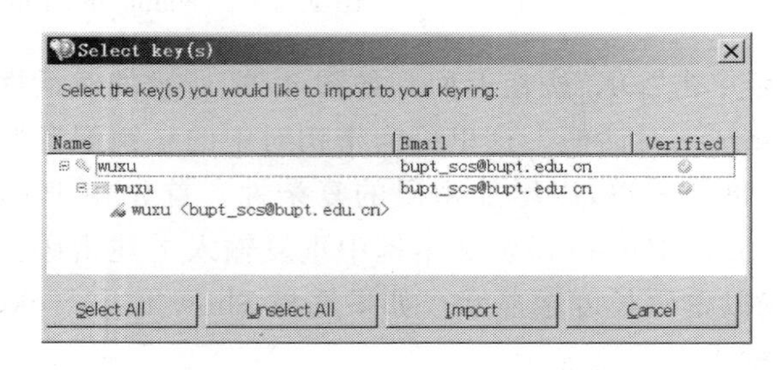

图 9.19 "Select key(s)"对话框

（2）选中需要导入的公钥（如若有多个的话可以单击 Select All 按钮全选），单击"Import"按钮，即可完成公钥的导入。

接收者导入后的公钥也会加入到如图 9.18 所示的 All keys（所有密钥）窗口中。要查看自己所具有的密钥，可选择窗口左边导航栏中的 My Private Keys 选项，在右边详细列表窗格中即可得到。

5. PGP 在数字签名方面的应用

（1）在资源管理器中选择一个要签名的文件，单击右键出现一个菜单，将鼠标移动到菜单中的"PGP Desktop"选项，在出现的又一个菜单中选"Sign as..."（签名），如图 9.20 所示。

（2）在出现的"Sign and Save"对话框中，单击"下一步"按钮，得到一个签名文件，如图 9.21 所示。

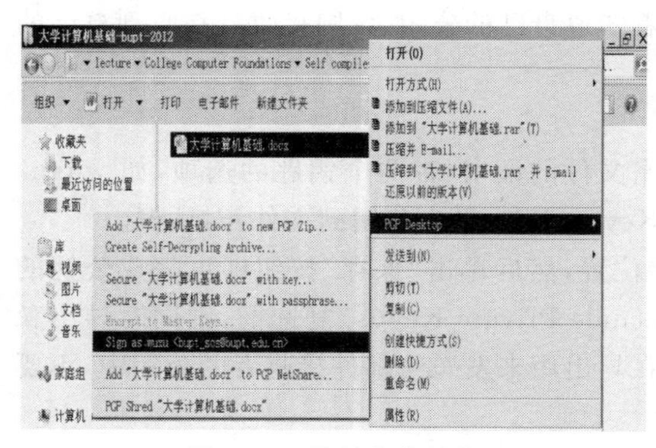

图 9.20 进行文件签名

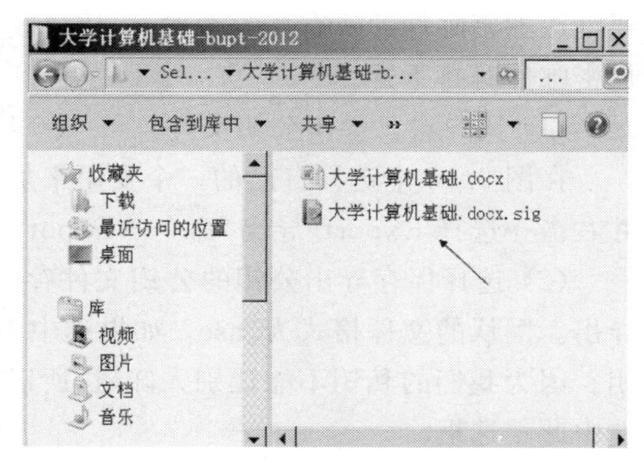

图 9.21 得到的签名文件

(3) 双击这个签名文件,出现如图 9.22 所示窗口,此结果表明签名有效。

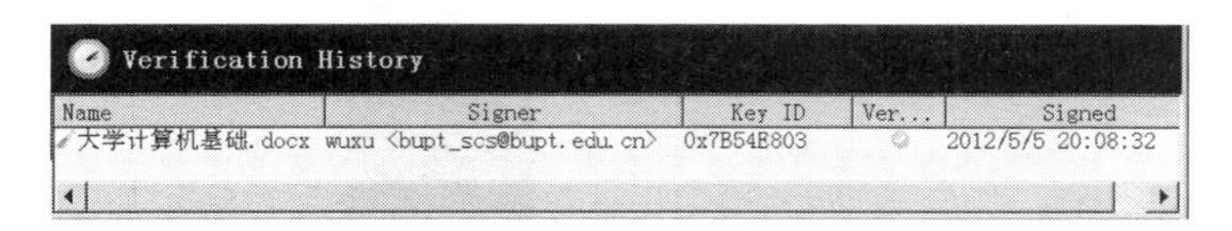

图 9.22　浏览签名文件注释

(4) 如果对原始文件进行了修改,然后再双击这个签名文件,出现如图 9.23 所示窗口,说明原始的文件已经被修改。

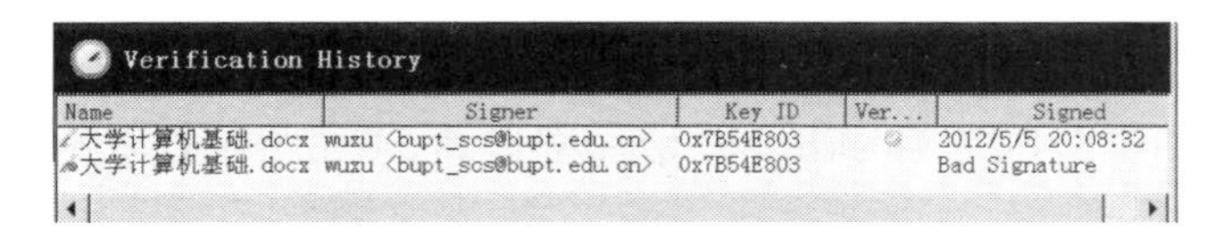

图 9.23　原始文件被修改的文件注释

6. 文件的加密

PGP Desktop 还可以对文件进行加密,有对称加密和非对称加密两种可选,也可以用它对邮件保密以防止非授权者阅读。

(1) 在 PGP Desktop 程序主界面(如图 9.16 所示)中单击"PGP Zip",展开 PGP Zip 选项卡,单击"New PGP Zip",在弹出向导中单击下边的添加文件夹或添加文件按钮,添加想要加密的文件或文件夹,如图 9.24 所示。

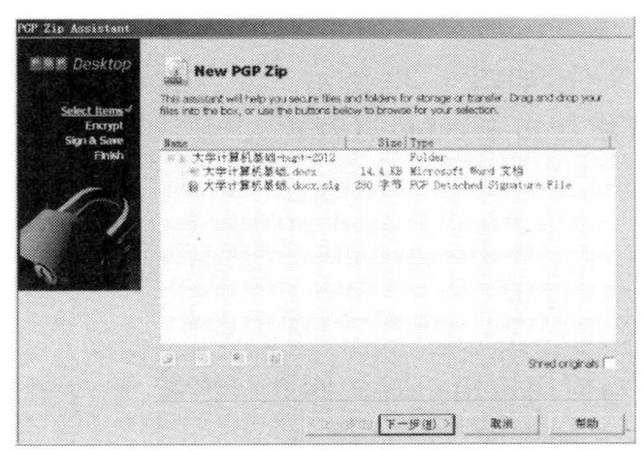

图 9.24　选择要加密的文件

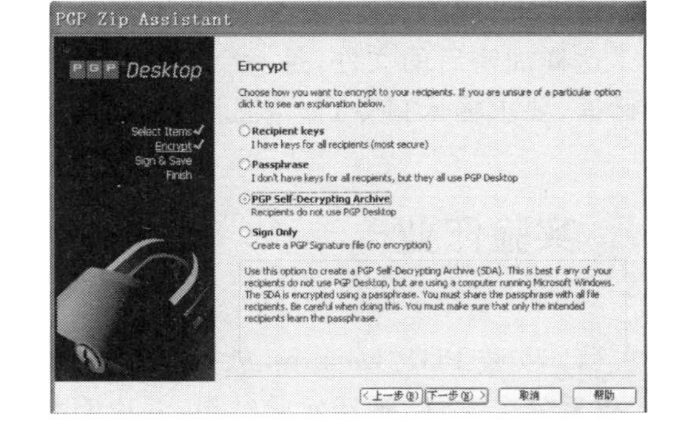

图 9.25　选择加密方式

(2) 添加完要加密的文件或文件夹后(如"大学计算机基础"),单击"下一步",选择加密的方式,其中有 4 种加密方式,一般选择第 3 种(自解密文档)方式,如图 9.25 所示。

(3) 单击"下一步",输入加密密码,如图 9.26 所示。如果不想显示输入的密码,勾选"Show Keystrokes"复选框,单击"下一步"。

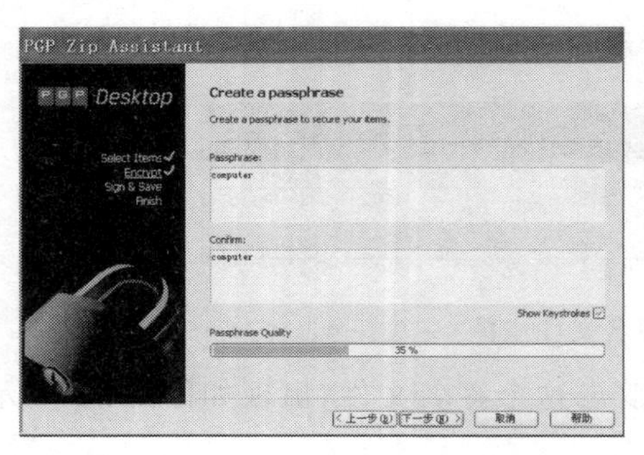

图 9.26　输入加密密码

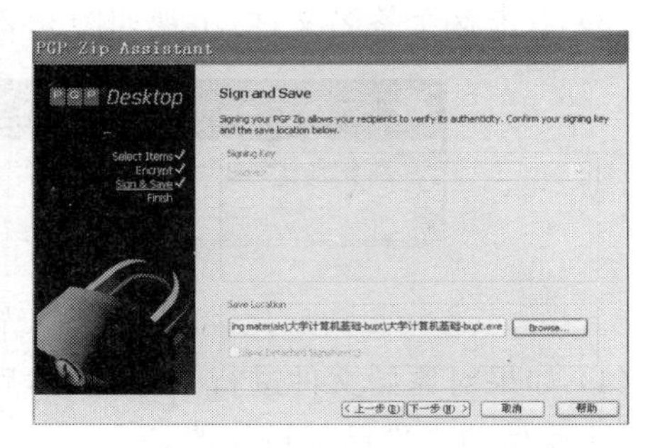

图 9.27　选择保存加密文件路径

(4) 选择保存加密后的文件的路径，如图 9.27 所示。

(5) 单击“下一步”，PGP Desktop 开始加密运算，单击“完成”按钮完成文件加密过程，如图 9.28 所示。

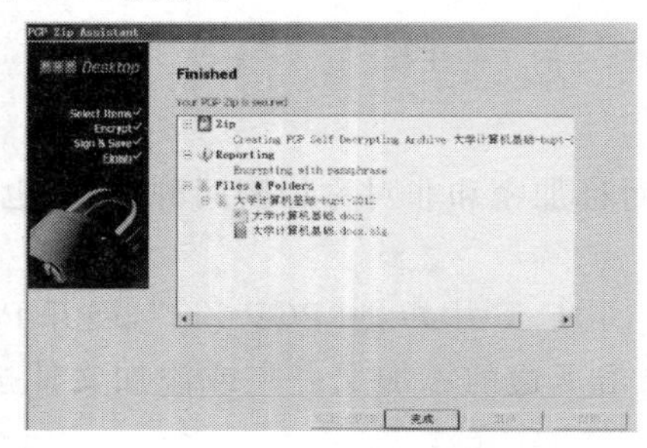

图 9.28　完成文件加密过程

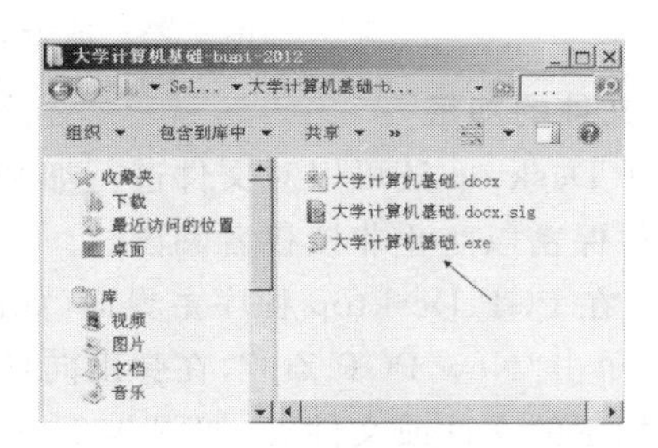

图 9.29　加密后的文件

这样加密后的文件，是一个可执行的 EXE 文件，如图 9.29 所示。双击后，弹出一个对话框，要求输入口令，如果正确，把加密的软件解压出来，就可以查看、打开或运行了。

实验作业

(1) 安装 PGP Desktop 软件，配置一个用户，使用该用户对文件进行签名，修改源文件，查看签名文件，解释实验结果，并说明数字签名的作用。

(2) 运用 PGP Desktop 软件对文件进行加密操作，简述文件加密的原理。

9.3　实验 3　包过滤防火墙实验

实验目的

了解包过滤防火墙的基本原理；掌握包过滤防火墙的基本配置方法。利用瑞星个人防火墙，进行协议包过滤和端口包过滤的基本配置，观察运行效果。

实验准备

瑞星个人防火墙是一款个人网络安全软件，可以拦截来自互联网的黑客、病毒攻击，包括木马攻击、后门攻击、远程溢出攻击、浏览器攻击、僵尸网络攻击等。

实验内容

1. Ping 数据包的过滤

(1) 在瑞星个人防火墙主程序界面中，选择“网络防护”→“IP 规则设置”(如图 9.30 所示)→“设置”按钮→“IP 规则设置”界面，系统默认状态放行“允许 Ping 出(回显应答)”、“允许 Ping 出(回显请求)”所产生的 ICMP 协议包，如图 9.31 所示。

图 9.30　防火墙网络防护设置窗口

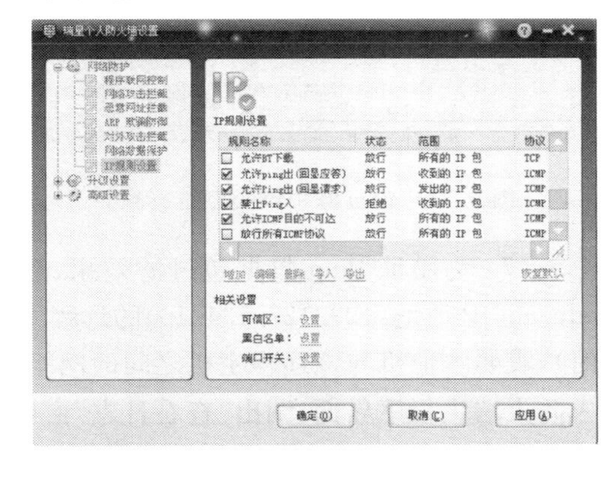

图 9.31　防火墙 IP 规则设置界面

(2) 为了制定新的包过滤规则，单击图 9.31 中的“增加”按钮，进入新的 IP 规则设置界面，这里规则名称以输入“ICMP”为例，规则应用于“所有 IP 包”，对于触发本规则的 IP 包，禁止数据包通过，如图 9.32 所示。

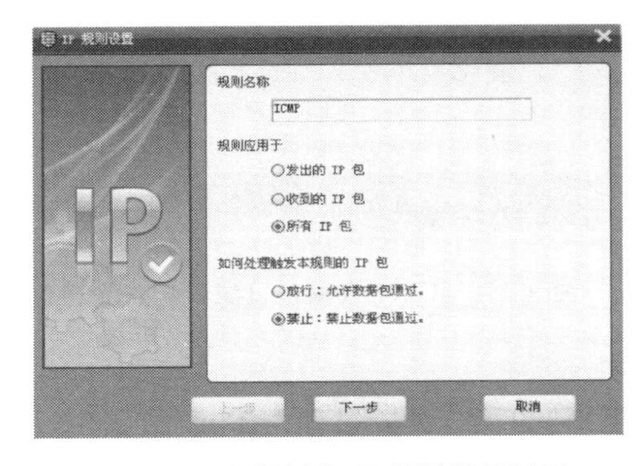

图 9.32　定制新的 IP 规则设置界面

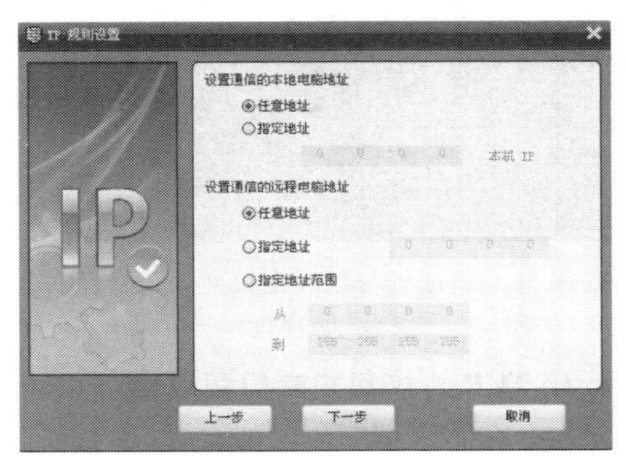

图 9.33　通信计算机地址设置界面

(3) 单击“下一步”按钮，进入通信计算机地址设置界面。为全面体现过滤效果，将通信的本地计算机和远程计算机地址均设置为“任意地址”，如图 9.33 所示。

(4) 单击“下一步”按钮，弹出协议类型设置窗口。由于 Ping 命令发送的是 ICMP 回应/请求消息，这里协议类型选择“ICMP”，如图 9.34 所示。

(5) 单击“下一步”按钮，出现匹配成功后的报警方式窗口，选择其中任意选项，比如“记录日志”等。

(6) 单击“完成”按钮，在 IP 规则设置界面下方出现新定制的“ICMP”规则，选择该规则，单击“应用”按钮，即完成了 Ping 数据包过滤的防火墙设置过程，如图 9.35 所示。

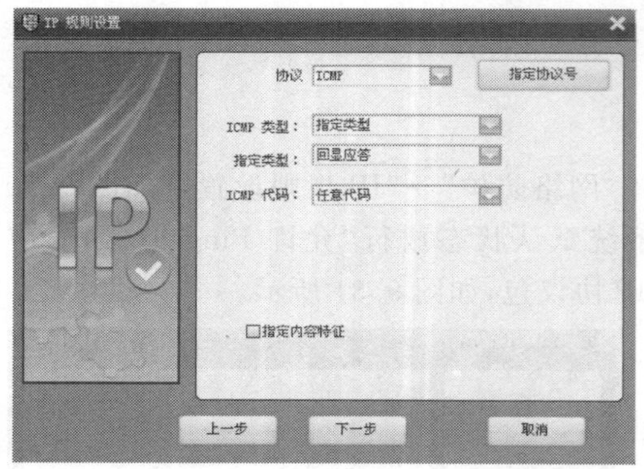

图 9.34 包过滤协议类型选择窗口

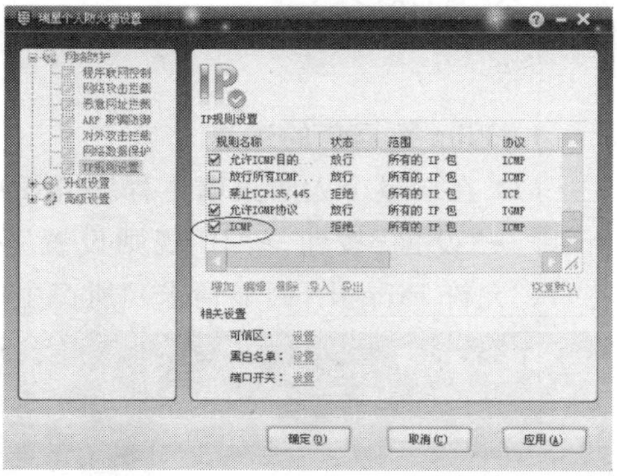

图 9.35 新定制的 ICMP 规则应用界面

(7) 为验证 Ping 数据包过滤效果，在本地机使用 Ping 命令，探测域名为 www.bupt.edu.cn(IP 地址：123.127.134.10)的远程主机，回显应答消息为“Request Time Out”(请求超时)，表明本地机与该远程主机之间的网络通信出现异常(如图 9.36 所示)；也可通过瑞星个人防火墙主程序界面，调出“查看日志”窗口(如图 9.37 所示)，显示本地地址发送给远程地址(123.127.134.10)的 ICMP 协议包，均被拒绝，可见防火墙协议包过滤的有效性。

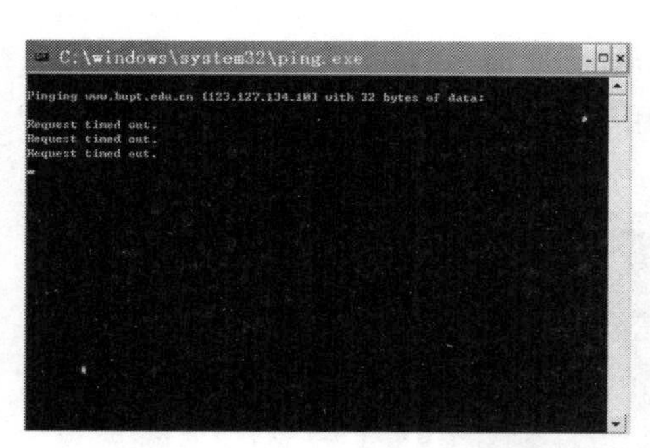

图 9.36 本地机与远程主机通信请求超时消息反馈窗口

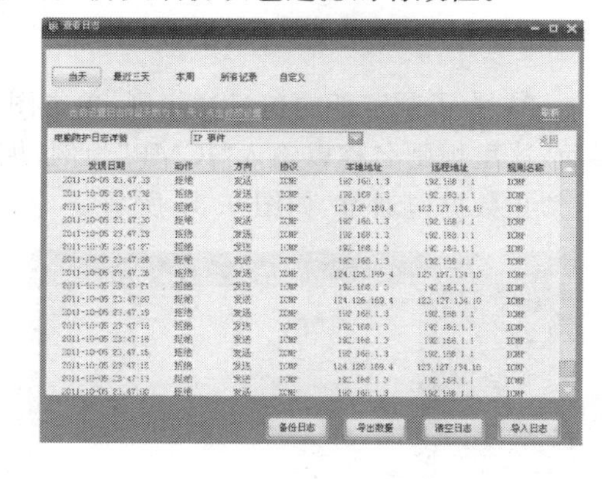

图 9.37 ICMP 数据包过滤日志查看窗口

2. TCP 协议包和端口包过滤

(1) 在防火墙“IP 规则设置”面板中添加新规则“TCP”，设置过程与 Ping 数据包过滤类似，但注意规则协议类型选择“TCP”，然后应用新定制的“TCP”规则，如图 9.38 所示。

(2) 单击位于图 9.38 底部的“端口开关:设置”按钮,进入“编辑端口开关”窗口,以选择“80 Web 网页”端口为例,协议类型选择“TCP” → 电脑选择“远程” → 执行动作选择“禁止”(如图 9.39 所示)→“确定”按钮→“端口设置”对话框→“确定”按钮,完成端口包过滤设置过程。

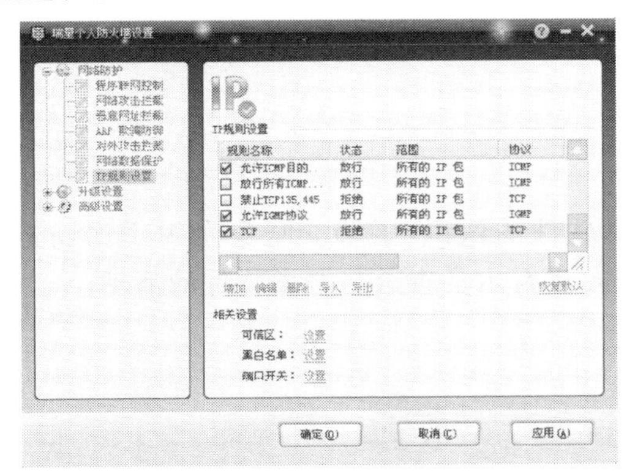

图 9.38　新定制的 TCP 规则应用界面

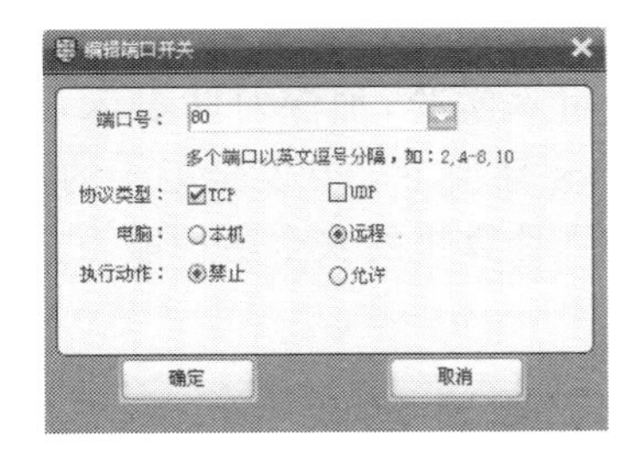

图 9.39　编辑端口开关窗口

(3) 为验证端口包过滤效果,本地机通过浏览器访问域名为 www.bupt.edu.cn 的 WWW 服务器,回显应答消息为“此程序无法正常显示网页”(如图 9.40 所示);也可通过“查看日志”窗口(如图 9.41 所示),显示本地机拒绝接收远程地址为 123.127.134.10 的 TCP 协议包,表明防火墙端口包过滤的有效性。

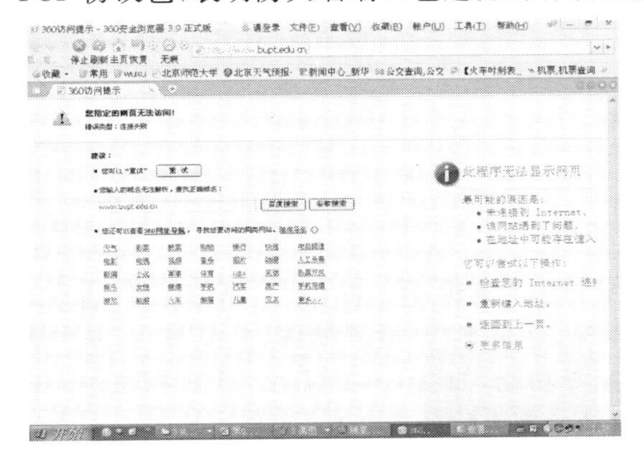

图 9.40　浏览器访问 WWW 服务器应答消息界面

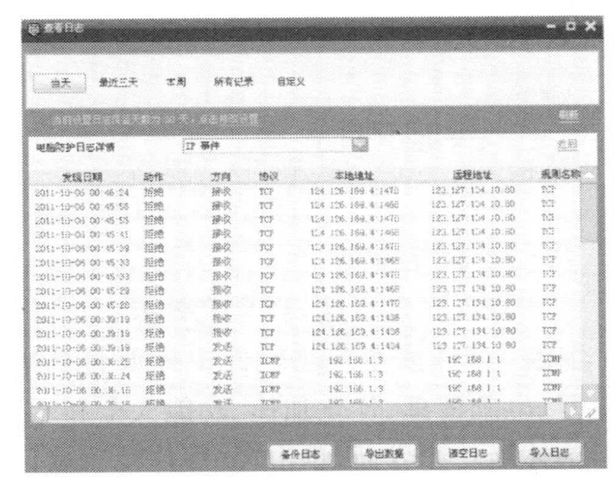

图 9.41　TCP 数据包过滤日志查看窗口

实验作业

(1) 利用瑞星个人防火墙,设置 Ping 数据包过滤规则,之后 Ping 该主机,记录 Ping 的结果,并查看防火墙日志,验证防火墙的有效性。

(2) 利用瑞星个人防火墙,设置 TCP 数据包过滤规则,再通过文件共享访问该主机,记录访问结果，并查看防火墙日志，验证防火墙的有效性。

9.4 实验4 木马查杀与恶意软件清理实验

实验目的

通过本实验，加深对防御木马和恶意软件的认识，了解360安全卫士的功能，掌握Windows环境下360安全卫士的基本操作，进行木马查杀与恶意软件的清理。

增强计算机的安全防护能力。

实验准备

360安全卫士是受到国内网民欢迎的免费安全软件，它拥有查杀流行木马、清理恶评及系统插件、管理应用软件、卡巴斯基杀毒、系统实时保护、修复系统漏洞等数个强劲功能，同时还提供系统全面诊断、弹出插件免疫、清理使用痕迹以及系统还原等特定辅助功能，并且提供对系统的全面诊断报告，方便用户及时定位问题所在，为每一位用户提供整体系统安全保护。360安全卫士下载的官方网站是：http://www.360.cn。

实验内容

1. 软件安装

双击安装程序，当系统要求用户安装保险箱用来保护360和用户上网的账号，可选择安装。360安全卫士软件主界面包括电脑体检、查杀木马、清理插件、修复漏洞、系统修复、电脑清理、优化加速、功能大全和软件管家等功能，如图9.42所示。系统默认进入电脑体检功能界面，单击“立即体检”，软件会自动检测系统的安全性，并且查出系统所存在的漏洞，提供相应的解决方案。

2. 进行木马查杀

360安全卫士提供了查杀网络流行木马的功能，单击“查杀木马”按钮，弹出的窗口中包括“快速扫描”、“全盘扫描”、“自定义扫描”等木马扫描方式，如图9.43所示，其中“快速扫描”功能仅扫描系统内存、启动对象等关键位置，速度较快；“全盘扫描”功能则扫描系统内存、启动对象及全部磁盘，速度较慢；“自定义扫描”功能是由用户自已指定需要扫描的范围；用户可视具体情况选择。一般第一次运行时，建议选择“全盘扫描”，扫描结果将显示在界面下方的列表中，在扫描结果中全选或只选择某几项，然后单击“立即查杀”按钮清除选定的木马。此外，图9.43右上角显示的“360云查杀引擎”，是360新推出的一款能与 360 云安全数据中心协同工作的安全引擎，扫描速度比传统杀毒引擎快，不再需要频繁升级木马库。

图 9.42　360 安全卫士主程序界面

图 9.43　查杀木马界面

3. 恶意软件清除

清理恶意软件和恶评插件可以说是 360 安全卫士的最大特色。单击“清理插件”按钮→“开始扫描”按钮→插件列表(如图 9.44 所示)，我们可以根据一些常识选中想要清理的恶评插件，来进行必要的清理。

图 9.44　待清理插件列表界面

4. 修复漏洞和系统修复

如果在操作系统、应用软件中存在着安全漏洞，计算机就有可能遭受到病毒、木马、恶意软件等的攻击。360 安全卫士可以为计算机及时打补丁，修复漏洞。

（1）在主界面上单击“修复漏洞”按钮，开始对系统进行漏洞扫描。扫描结束后，窗口中会显示待修复的漏洞，如图 9.45 所示。选中要修复的漏洞，然后单击“立即修复”按钮。

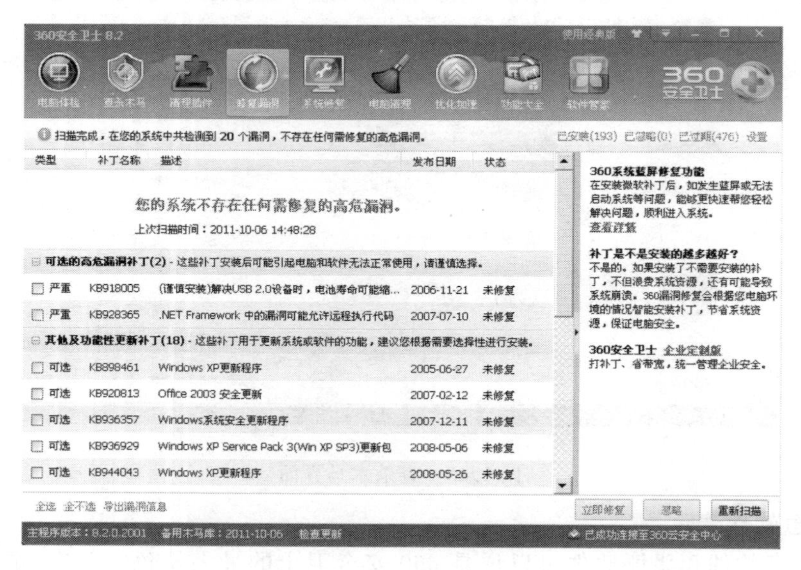

图 9.45　待修复系统漏洞列表

（2）系统发生异常时，可在主界面上单击“系统修复”按钮，进入系统修复窗口，该功能可修复被篡改的上网设置及系统设置，让系统恢复正常。单击“常规修复”按钮，可修复常见的上网设置和系统设置。

5. 电脑清理

通过电脑清理释放磁盘空间，清除使用痕迹隐私，可以提高计算机的功能性和安全性。360 安全卫士能标识出可以安全删除的文件，然后允许用户选择希望删除部分还是全部标识出的文件。

（1）清理垃圾

单击“清理垃圾”按钮，进入“清理垃圾”界面。单击“开始扫描”按钮，扫描系统中的垃圾文件。扫描完成后单击“立即清除”按钮，可节约相应磁盘空间，如图 9.46 所示。

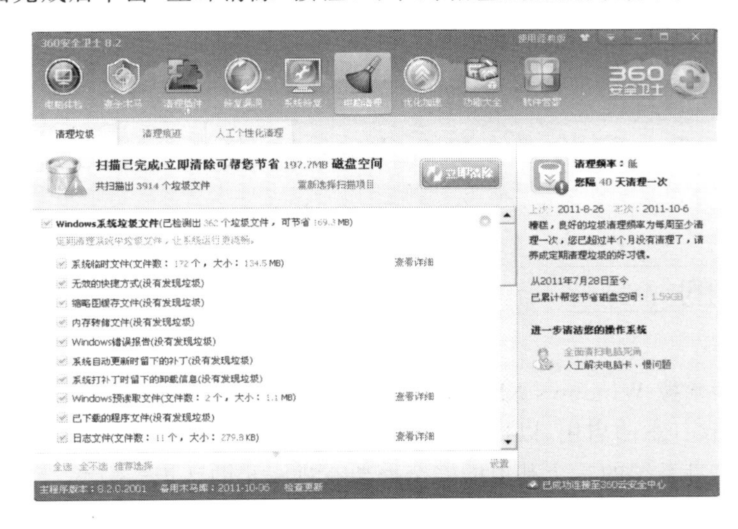

图 9.46　清理垃圾文件

（2）清理痕迹

单击“清理痕迹”按钮，在弹出的窗口中单击“开始扫描”按钮，扫描系统中的上网浏览痕迹、Windows 使用痕迹、办公软件使用痕迹、最近看过的视频和其他应用程序使用痕迹等。扫描完成后，选中要清理的项目，单击“立即清除”按钮，即可进行清理，如图 9.47 所示。

图 9.47　清理使用痕迹

306 安全卫士的其他安全检查和安全设置功能请读者自己尝试使用。

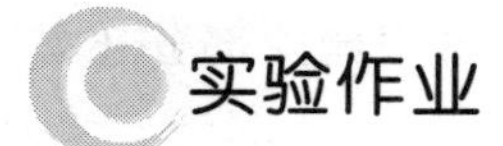

实验作业

（1）使用 360 安全卫士查看系统的漏洞，并进行修复。

（2）使用 360 安全卫士查杀系统木马。

（3）使用 360 安全卫士清理恶意插件。

（4）了解其他系统安全工具，尝试使用该工具进行系统安全检查和安全设置。

9.5 实验 5 Windows 的安全配置实验

实验目的

通过本实验掌握 Windows XP 和 Windows 7 账户与密码的安全设置、文件系统的保护和加密、审核和日志的启用，以提高 Windows XP 和 Windows 7 操作系统的安全性，并能对如何建立信息系统的一个基本的安全框架有进一步的认识。

实验准备

系统安装安全、账户安全、数据安全、访问端口安全、软件限制安全、注册表安全、系统监控审核安全、备份与恢复安全等方面的安全设置，是构建安全的操作系统的出发点。根据用户应用环境的不同，通常对操作系统可采用不同的安全设置方案。

实验内容

基于 Windows XP 或 Windows 7 操作系统，进行账户和口令安全设置、文件系统安全设置、启用审核和日志查看等操作。

1. 账户的安全策略配置

在 Windows 操作系统中，账户策略是通过域的组策略设置和强制执行的。进入账户的安全策略设置：打开“控制面板”→“管理工具”→“本地安全策略”→选择“账户策略”。

（1）密码策略配置

“密码策略”用于决定系统密码的安全规则和设置。选中“密码策略”，选择密码复杂性要求、长度最小值、最长存留（使用）期、最短存留（使用）期、强制密码历史等各项分别进行配置，如图 9.48 所示。

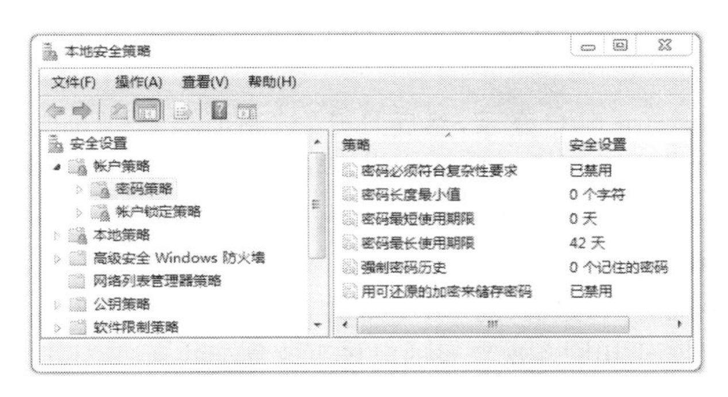

图 9.48　密码策略配置界面

其中符合复杂性要求的密码是具有相当长度，同时含有数字、大小写字母和特殊字符的序列。双击其中每一项，可按照需要改变密码特性的设置。

- 双击“密码必须符合复杂性要求”选项，在弹出的对话框中，选择“启用”。
- 双击“密码长度最小值”选项，在弹出的对话框中设置可被系统接纳的账户密码长度的最小值，一般为了达到较高的安全，建议密码长度的最小值为 8。
- 双击“密码最长存留(使用)期”选项，在弹出的对话框中设置系统要求的账户密码的最长使用期限。设置密码自动保留期，可以提醒用户定期修改密码，防止密码使用时间过长带来的安全问题。
- 双击“密码最短存留(使用)期”选项，在弹出的对话框中修改设置密码最短存留期。在密码最短存留期内用户不能修改密码。这项设置是为了避免入侵的攻击者修改账户密码。
- 双击“强制密码历史”和“为域中所有用户使用可还原的加密来储存密码”选项，在相继弹出的类似对话框中，设置让系统记住的密码数量和是否设置加密存储密码。

(2) 账户锁定策略

选中“账户锁定策略”，选择各项分别进行配置。

- 双击“用户锁定阈值”选项，在弹出的对话框中设置账户被锁定之前经过的无效登录，以便防范攻击者利用管理员身份登录后无限次地猜测账户的密码。
- 双击“账户锁定时间”选项，在弹出的对话框中设置账户被锁定的时间(如 20 分钟)。此后，当某账户无效(如密码错误)的次数超过设定的次数时，系统将锁定该账户 20 分钟。

2. 账户管理

(1) 停用 Guest 账号

打开“控制面板”→“管理工具”→“计算机管理”→“系统工具”→“本地用户和组”→“用户”→双击“Guest”弹出“Guest 属性”窗口。在“账户已停用”选项前面的方框中打勾→单击“确定”按钮。

(2) 限制不必要的用户数量

一般来说共享账户、Guest 账户具有比较弱的安全性，常常是黑客攻击的目标，系统的账户越多,攻击者成功的可能性越大。因此,要去掉所有的测试用账户、共享账号、普通部门账号等。在用户组策略设置相应权限,并且经常检查系统的账户,删除已经不再使用的账户。

首先用 Administrator 账户登录,然后打开"控制面板"→"管理工具"→"计算机管理"→"系统工具"→"本地用户和组"→"用户",可以看到现在所有的用户情况,如果要删除哪个账户,可以单击然后右键选择"删除"。

3. 口令的安全设置

(1) 使用安全密码,经常进行账户口令测试

安全的管理应该要求用户首次登录的时候更改复杂的密码,还要注意经常更改密码。安全期内无法破解出来的密码就是安全密码,也就是说,如果黑客得到了密码文件,如果密码策略 42 天必须改密码,那么黑客必须花 43 天或者更长时间才能破解出来的就是安全密码。

(2) 不让系统显示上次登录的用户名

Windows 系统默认在用户登录系统时,自动在登录对话框中显示上次登录的用户名称,有可能造成用户名的泄露。

打开"控制面板"→"管理工具"→"本地安全策略"→"本地策略"→"安全选项"→"交互式登录:不显示上次(最后)的用户名"。双击该选项,在弹出的对话框中选择"已启用"即可。

4. 文件系统安全设置

设置文件和文件夹的权限,实质上是将访问文件的权限分配给用户的过程,也就是添加用户账户到文件访问者并设置各种权限。

(1) 在要设置的文件和文件夹上右击,单击快捷菜单中"属性"命令,在打开的该文件夹属性对话框中单击"安全"标签(如果在对话框中没有"安全"标签,可在资源管理器的"工具"菜单中选择"文件夹选项",在弹出的窗口中选择"查看",将"使用简单文件共享"前面的勾去掉),打开"安全"选项卡,再单击"编辑"按钮,弹出如图 9.49 所示的"权限"对话框。

(2) 单击"添加"或"删除"按钮,可以添加或删除使用文件的用户账户。原则上只保留允许访问此文件夹的用户和用户组。

(3) 单击"安全"选项卡中的"高级"按钮,可以查看各用户组的权限,设置文件安全的高级选项。

5. 启用审核和日志查看

(1) 启用审核策略

打开"控制面板"→"管理工具"→"本地安全策略"→"本地策略"→"审核策略",如图 9.50 所示,其中"审核登录事件"等几项显示的安全设置,是建议进行配置的选项,对于其他项可以自行配置。

图 9.49　设置文件的权限

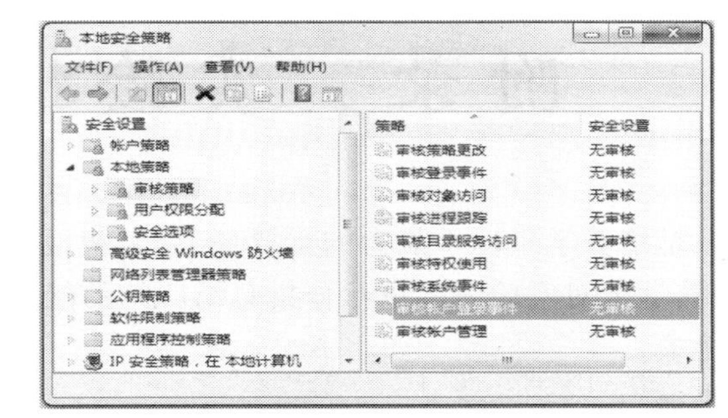

图 9.50　配置审核策略

(2) 查看事件日志

基于 Windows 7 或 Windows XP 的计算机将事件记录在以下 3 种日志中：应用程序日志、安全日志和系统日志。

打开"控制面板"→"管理工具"→"事件查看器"→"Windows 日志"，可以看到 3 种日志，其中安全日志用于记录刚才上面审核策略中所设置的安全事件。可查看有效无效、登录尝试等安全事件的具体记录，如图 9.51 所示。

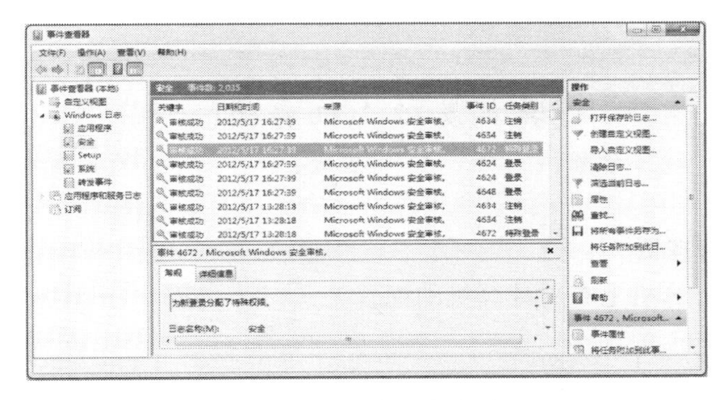

图 9.51　安全日志查看

在详细信息窗格中，双击要查看的事件。进入"事件属性"对话框，其中包含事件的标题信息和描述。要查看上一个或下一个事件的描述，可以单击上箭头或下箭头。

实验作业

(1) 设置 Windows XP 或 Windows 7 系统的账户密码策略和账户锁定策略，之后通过设定密码格式、密码周期和输入错误密码等方式，验证密码策略和锁定策略的有效性。

(2) 设置 Windows XP 或 Windows 7 系统文件夹的安全属性，后用不同的用户访问文件夹，验证安全属性的有效性。

(3) 设置 Windows XP 或 Windows 7 系统的审核策略，经过一些操作后，查看系统日志，查看系统审核的有效性。

附录　实验报告要求

实验是培养学生动手能力的重要环节，实验报告是检查学生的上机动手能力的重要依据，培养学生对实验内容进行分析总结归纳的能力，对学生的上机和实验报告的格式提出下列要求。

上机须知：

a）必须带《大学计算机基础实验指导》，每次上机时间：2 小时。

b）提交内容：将在上机时按要求完成的实验内容，写成实验报告（参见下面的样本），用文字叙述实验过程，并将实验结果用截图的形式放在实验报告中，申请一个邮箱，用于提交实验报告。

c）对于按 A、B 班分班教学的，由于要求 A、B 班不完全相同，不要做错。

d）作业提交格式：提交多个文件时打包为 rar 压缩包，压缩包按班级-学号-姓名. rar 命名；对于按 A、B 班分班教学的，压缩包按班级-学号-姓名-A(B). rar 命名，A、B 分别代表 A 班和 B 班，截图按 1. jpg，2. jpg，…依次命名。

实验报告样本

计算机基础上机实验(一)

姓名：　　　　　　学号：　　　　　　班级：　　　　　　日期：

实验内容

1. 查看设备管理器

说明：学会在计算机上查看计算机的配置。

此处截图。

2. 使用软件查看计算机硬件信息

说明：从网上下载相关软件（如鲁大师、360），利用软件查看计算机硬件信息。

此处截图。

3. 查看某款知名计算机

说明：在网上查询一些知名品牌计算机的硬件配置信息（CPU、内存、显卡等），如 Dell、Lenovo、华硕等。

在此处写出一款自己查询的计算机的硬件配置。

4. 输入法的切换与设定

说明：学会输入法的切换方式，并且会设定默认的输入法。

切换输入法的方法。

5. 申请邮箱

说明：在网上注册一个属于自己的邮箱。